Über den Autor

Aeneas Rooch, geboren 1983, hat Mathematik und Physik studiert. Er arbeitet in der Softwarebranche und ist als freier Wissenschaftsjournalist tätig. Er spielt gerne Klavier und Badminton (aber selten gleichzeitig).

www.rooch.de

Aeneas Rooch

RUBBEL DIE KATZ

oder wie man Wasser biegt

Die wunderbare Welt
der Alltagsphysik

Mit Illustrationen von
Katharina Bitzl

WILHELM HEYNE VERLAG
MÜNCHEN

Die in diesem Buch aufgeführten Experimente wurden sorgfältig ausgearbeitet. Ihre Durchführung kann jedoch auch bei ordnungsgemäßer Vorbereitung und Handhabung mit Gefahren verbunden sein. Jede Durchführung der in diesem Buch aufgeführten Experimente erfolgt auf eigene Gefahr. Verlag und Autor übernehmen keine Haftung für Schäden, die bei der Durchführung der hier beschriebenen Experimente entstehen.

Die Verlagsgruppe Random House weist ausdrücklich darauf hin, dass im Text enthaltene externe Links vom Verlag nur bis zum Zeitpunkt der Buchveröffentlichung eingesehen werden konnten. Auf spätere Veränderungen hat der Verlag keinerlei Einfluss. Eine Haftung des Verlags für externe Links ist stets ausgeschlossen.

Verlagsgruppe Random House FSC® N001967

Originalausgabe 03/2017

Copyright © 2017 by Wilhelm Heyne Verlag, München,
in der Verlagsgruppe Random House GmbH,
Neumarkter Straße 28, 81673 München
Redaktion: Ute Daenschel
Fachlektorat: Prof. Dr. Andreas Wieck
Umschlaggestaltung: Nele Schütz Design
Satz: Schaber Datentechnik, Austria
Druck und Bindung: Těšínská tiskárna, Český Těšín
Printed in the Czech Republic

ISBN: 978-3-453-60411-7

www.heyne.de

Für Lena und Ida

Inhalt

Vorwort

Liebe Leserinnen und Leser,

Physik ist wunderbar. Leider wissen das nur wenige. Alles im Universum scheint Regeln zu folgen, und wir können diese Regeln entdecken und verstehen lernen, indem wir beobachten, was um uns herum passiert. Das ist Physik.

Allerdings ist Physik nicht immer so poetisch, wie ich das eben beschrieben habe, sondern auch ziemlich kompliziert, außerdem hat sie mit Mathematik zu tun – beides Eigenschaften, die nur wenige als Spaßfaktor bezeichnen wurden. Physik hat es also schwer.

Dabei ist Physik äußerst partytauglich. Denn die Gesetze, nach denen unsere Welt funktioniert, zeigen sich auf spannende und spektakuläre Weise auch an Gegenständen, die Sie oder Ihre Gastgeber wahrscheinlich im Haus haben – etwa an Bierflaschen, Weingläsern, Eiswürfeln, Textmarkern und Fußbällen. Mit diesen alltäglichen Dingen kann man großartige Experimente anstellen und eine Menge über die Regeln unseres Universums lernen.

Bei meiner Arbeit für das Radio habe ich mich mit dieser Art von spannender und unterhaltsamer Physik beschäftigt. In einer Reihe von Beiträgen habe ich zum Beispiel eben physikalische Phänomene vorgestellt, die uns im Alltag begegnen. Ich wollte zeigen, dass Physik Spaß macht. Diese Serie, die im

Bayerischen Rundfunk und Westdeutschen Rundfunk ausgestrahlt wurde, hat wiederum mir so viel Spaß gemacht, dass ich ein ganzes Buch darüber geschrieben habe. Es liegt nun vor Ihnen (dieses hier!) und wartet darauf, von Ihnen gelesen zu werden. Sie finden darin viele alltagstaugliche Versuche, die Sie zu Hause nachmachen können, Erklärungen der Phänomene, die Sie beobachten werden, Informationen über Dinge, die Sie sonst noch werden wissen wollen, und das eine oder andere, von dem Sie jetzt noch gar nicht ahnen, dass Sie es interessieren wird. Ich hoffe, mein Buch kann Sie dafür begeistern, wie unsere Welt funktioniert.

Bochum, im Sommer 2016
Aeneas Rooch

Die brutal beschleunigte Weinflasche

Wie öffnet man eine Flasche Wein ohne Korkenzieher?

Physik hilft nicht nur, das Universum zu verstehen, sondern auch wenn Sie eine Flasche Wein öffnen wollen, aber keinen Korkenzieher dabeihaben. Sie brauchen nur etwas Mut und ein bisschen Gewalt, den Rest erledigt ein physikalischer Effekt, der ansonsten Schiffsschrauben zerstört. Er ruft winzige Stoßwellen hervor, die sogar Stahl zerfressen können und Ihnen beim Öffnen der Weinflasche helfen.

Das Experiment: Sie benötigen eine Flasche Wein und einen Schuh. Erfolgreich getestet habe ich es mit einem 2011er E. Guigal Côtes du Rhône, aber eigentlich ist nur wichtig, dass die Flasche einen Korken hat. Stellen Sie die Flasche aufrecht in den Schuh, das heißt mit dem Flaschenboden gerade auf das Fußbett, und halten Sie beide so, dass die Flasche fest im Schuh sitzt. Weinliebhaber müssen jetzt tapfer sein: Schlagen Sie den Schuh mit der Flasche darin mehrfach kräftig mit dem Absatz gegen eine Wand.

Was Sie sehen: Bei jedem Stoß schwappt der Wein in einem klassischen Rubinrot hin und her. Mit würzigen Noten von Blaubeeren, Kirschen und Pfeffer wird er gegen den Flaschenboden und den Korken geschleudert. Nach und nach steigt der Korken auf, sodass Sie ihn mit einer Zange oder den Zähnen zu fassen kriegen und aus der Flasche ziehen können. Alternativ können Sie mit dem Schuh weiter gegen die Wand schlagen, bis der Korken ganz herauskommt und der Wein mit einem kräftigen, mineralischen Auftritt auf den Boden schwappt. Inzwischen in Ansätzen moussiert, zeigt er hier sein einnehmendes Bouquet an roten Früchten, Blumen, Kräutern und erdigen Noten. Auf dem Boden opulent, schöne Balance zwischen Erlebnis und Schweinerei.

Was hier vor sich geht: Das, was den Korken aus der Flasche schiebt, ist der *Impuls* des Weins, die Wucht, mit der er unterwegs ist. Wenn man es wissenschaftlich genau nimmt, ist der Impuls eines Gegenstands das Produkt aus seiner *Masse* und seiner *Geschwindigkeit*. Das bedeutet: Je schwerer und je schneller ein Gegenstand ist, desto mehr Impuls, desto mehr Wucht hat er. Das Phänomen kennen Sie aus Ihrem Alltag: Wenn Sie mit jemandem zusammenstoßen, müssen Sie nicht besonders schnell unterwegs gewesen sein, es reicht, wenn einer von Ihnen beiden dick ist, dann spüren Sie einen großen Impuls, das heißt einen heftigen Aufprall. Beim Federball ist es umgekehrt, der Ball wiegt wenig, aber wenn Sie ihn ins Gesicht kriegen, tut es trotzdem weh, weil er schnell ist und deshalb einen hohen Impuls besitzt. Den Zusammenhang nutzen Sie bei der Weinflasche: Das Gewicht des Weins können Sie nicht ändern, aber Sie können den Wein auf eine hohe Geschwindigkeit bringen und so seinen Impuls erhöhen.

Warum man das überhaupt machen sollte beziehungsweise wie man auf die Idee kommt, die Weinflasche vor die Wand zu schlagen, liegt auf der Hand, wenn Sie das Problem durchdenken: Sie wollen die Flasche öffnen, können den Korken mangels Korkenzieher jedoch nicht herausziehen. Da die Pfadfinder-Lösung, den Korken in die Flasche hineinzudrücken, für Sie als Weinliebhaber nicht in Betracht kommt, bleibt nur noch die Möglichkeit, den Korken von innen nach außen zu drücken. Der Einzige, der das kann, ist der Wein selbst, denn er ist als Einziger in der Flasche.

Das Ziel ist also, den Wein so zu beschleunigen, dass er den Korken von innen herausschiebt, und das erreichen Sie, indem Sie den Boden der Weinflasche gegen die Wand schlagen. Dadurch gerät der Wein in Bewegung und brandet gegen den Flaschenboden, wo er allerdings nicht weiterkommt und wie ein Ball, der gegen eine Wand geworfen wird und zurückprallt, umdrehen muss. Der Fachmann nennt das *Impulsumkehr*. Der Wein schwappt also zurück in die entgegengesetzte Richtung und klatscht gegen den Korken, der allerdings nicht so unnachgiebig ist wie der Flaschenboden und sich etwas bewegt: Der Wein schiebt ihn mit seiner Wucht Stück für Stück aus der Flasche heraus, man spricht von einem *Impulsübertrag* oder, etwas anschaulicher, von einem *Kraftstoß*. Das klappt deshalb so gut, weil sich Wein kaum zusammendrücken lässt; man sagt, er ist so gut wie *inkompressibel*. Das ist eine typische Eigenschaft von Flüssigkeiten: Im Gegensatz zu Gasen lassen sie sich von hohem Druck praktisch nicht auf weniger Platz zusammenstauchen. Deshalb gibt der Wein beim Aufprall nicht nach, und beim Umdrehen entsteht am Korken ein enormer Druck.

Der Schuh dient nur als Aufprallschutz: Er federt die brutalen Stöße etwas ab und sorgt dafür, dass die Flasche nicht zerbricht, wenn Sie sie gegen die Wand schlagen und den Wein dazu zwingen, am Flaschenboden schlagartig kehrtzumachen und seinen Schwung mit zurück in Richtung Korken zu nehmen. Sie sollten also besser keine Filzpantoffeln oder Stöckelschuhe wählen, sondern einen Schuh mit fester Sohle und Absatz. Sie brauchen außerdem ein bisschen Übung, um herauszufinden, wie stark Sie die Flasche mit dem Schuh gegen die Wand schlagen können, ohne das Glas zu zerbrechen. Fangen Sie also lieber vorsichtig an!

Bei der rabiaten Flaschenöffnung kommt noch ein Effekt hinzu, der filigraner, aber nicht weniger brutal ist: *Kavitation*. Bei den Schlägen gegen die Wand wird der Wein punktuell stark beschleunigt – das ist ja gerade Sinn der Sache –, doch das ruft einen berühmten Effekt aus der Strömungsmechanik auf den Plan, das *bernoullische Gesetz*: Wenn eine Flüssigkeit schnell strömt, sinkt ihr Druck. Das passiert im Wein, wenn auch nur für einen kurzen Moment, aber es hat fatale Auswirkungen: Der Druck sinkt, und der Wein beginnt zu verdampfen. Das ist normal. Anschaulich kann man sich vorstellen, dass es Teilchen bei geringem Druck leichterfällt, den engen Verbund einer Flüssigkeit zu verlassen und sich als Gas davonzumachen, als bei hohem Druck, der mit seinem eisernen Griff alles zusammenhält. Im Wein bilden sich durch die brutale Beschleunigung und den dadurch hervorgerufenen Druckabfall winzige Dampfbläschen – denn gasförmiger Wein braucht mehr Platz als flüssiger –, doch sie zerfallen sofort wieder, da die hohe Geschwindigkeit und der geringe Druck in der Flasche nur hier und da und bloß für einen kurzen Moment auftreten. Schlagartig stürzen die kleinen Hohlräume also wieder in sich zusammen, und das verursacht winzige Stoßwellen im Wein, die ebenfalls mithelfen, den Korken aus der Flasche zu drücken.

Geringer Druck lässt den Wein verdampfen?

Genau. Das gilt nicht nur für Wein, sondern ganz allgemein. Wann eine Flüssigkeit *verdampft* (und auch andersherum: wann ein Gas *kondensiert*, das heißt: sich als Flüssigkeit niederschlägt), hängt nicht nur von der *Temperatur*, sondern auch vom *Druck* ab. Bei hohem Druck werden Gasteilchen gewissermaßen zusammengeschoben und schließen sich eher zu einer Flüssigkeit zusammen als bei niedrigem Druck. Und bei niedrigem Druck ist es für die Teilchen in einer Flüssigkeit einfacher, die Anziehungskräfte im Flüssigkeitsverbund zu überwinden und wegzufliegen.

Was mache ich, wenn ich keinen Schuh dabeihabe?

Ich kann mir nicht viele Umstände vorstellen, in denen Sie keinen Schuh haben, aber unbedingt eine Flasche Wein trinken wollen. Doch die Physik hilft Ihnen auch in dieser misslichen Lage. Die Schuh-Methode ist effizient, hat aber, physikalisch betrachtet, mit dem Schuh nichts zu tun; es geht ausschließlich darum, den Wein in Richtung Korken zu beschleunigen, und das können Sie auch ohne Schuh, zum Beispiel indem Sie die Flasche mit kleinen, vorsichtigen Stößen gegen einen Baum schlagen. Sie brauchen hier nur etwas mehr Geduld als bei der brutalen Schuh-Methode.

Wo findet man das noch? Was Ihnen beim Öffnen einer Weinflasche zupasskommt, ärgert Ingenieure: Kavitation tritt immer dort auf, wo sich Flüssigkeiten schnell bewegen, zum Beispiel an Propellern und in Pumpen, und meistens ist sie nicht erwünscht, weil die Stoßwellen die Propeller und Pumpen stören oder sogar beschädigen können. Man kann die Stoßwellen aber auch gezielt nutzen, etwa um Nierensteine zu zerstören oder um Chemikalien zu zerkleinern und gut durchzumischen. Kavitation ist ein komplizierter Vorgang: Sie lässt eine Flüssigkeit den *Aggregatzustand* wechseln und zieht alle Register im komplexen Zusammenspiel von Druck, Temperatur, Verdampfen und Kondensieren. Im Alltag begegnet sie uns selten – außer es fehlt ein Korkenzieher. Dann leistet sie gute Dienste und sorgt nebenbei für einen enormen Imagegewinn: Männer brauchen sich nicht mit einer Machete zu rasieren, um eine Frau mit archaischer Männlichkeit zu beeindrucken! Eine Flasche Wein mit dem physikalisch-brutalen Stoßwellen-Trick zu öffnen ist ebenso eindrucksvoll, wenn nicht sogar mehr.

Der Blitz im Briefumschlag

Wie kann man mit einem Briefumschlag Funken sprühen lassen?

Spektakuläre Naturereignisse können Sie nicht nur unter freiem Himmel bewundern, sondern auch im Büro: Ein selbstklebender Briefumschlag zum Beispiel kann einen Blitz erzeugen.

Das Experiment: Nehmen Sie einen frischen selbstklebenden Briefumschlag zur Hand und verschließen Sie ihn; drücken Sie die Klebelaschen fest aneinander. Schlitzen Sie die Oberkante des Umschlags mit einem Brieföffner auf und verdunkeln Sie den Raum. Ziehen Sie nun die Klebelasche vom Umschlag ab.

Wahrscheinlich müssen Sie ein bisschen herumprobieren, welches Abreißtempo sich eignet, aus der Ferne kann ich Ihnen nur den Hinweis geben, dass Sie die Lasche langsam abreißen müssen, aber nicht zu langsam. Probieren Sie also aus, bei welchem Tempo sich der Effekt gut zeigt. Nach einigen Versuchen sollten Sie allerdings einen neuen Umschlag nehmen, denn frische Zutaten sind nicht nur beim Kochen wichtig: Wenn Sie einen Umschlag verwenden, der schon eine Weile herumliegt oder einige Male geöffnet wurde, ist die Klebeschicht womöglich schon zu trocken oder abgenutzt, um Blitze zu erzeugen.

Was Sie sehen: Zwischen den beiden Klebestreifen sprühen für einen kurzen Moment bläuliche Funken. Es liegt in der wenig imposanten Natur des Briefumschlags, dass der Effekt, verglichen mit einem Blitz am Himmel, eher beschaulich ist, aber das, was Sie da sehen, ist ein echter Blitz, eine echte *elektrische Entladung*. Und auch wenn er in dieser Größe vielleicht kein spektakuläres Naturereignis ist, ist der Briefumschlagblitz auf jeden Fall ein spektakuläres Büroereignis. (Aber lassen Sie sich nicht von Ihrem Chef dabei erwischen, wie Sie mit Büromaterial experimentieren! Die Faszination packt nicht jeden auf Anhieb.)

Was hier vor sich geht: Der Blitz im Briefumschlag entsteht durch das Zusammenspiel zweier physikalischer Vorgänge. Zum einen laden Sie die Klebelaschen des Briefumschlags beim Öffnen elektrisch auf: *Elektronen*, elektrisch geladene Teilchen, gehen von der einen Lasche auf die andere Lasche über.

Dieses Phänomen nennt man *Reibungselektrizität*. Hochtrabend kann man auch *triboelektrischer Effekt* sagen (vom altgriechischen τριβή/tribé, Reibung), was exakt dasselbe bedeutet, aber ungemein mehr Eindruck macht. Er/sie/es (der Effekt, die Reibungselektrizität, das Phänomen) zeigt sich, wenn man Stoffe aneinander reibt, weil sie dadurch in engen Kontakt kommen, besonders gut Ladungen austauschen und sich so *elektrostatisch* aufladen können. Schon in der Antike haben Menschen beobachtet, dass ein Stück Bernstein wie von Geisterhand kleine Schnipsel anzieht, wenn es mit Wolle oder Fell abgerieben wird. Diese Erkenntnis wird dem griechischen Philosophen, Mathematiker und Astronomen Thales von Milet (um 600 v. Chr.) zugeschrieben. Die Hintergründe, warum Thales Bernstein poliert hat, sind mir nicht bekannt, allerdings ist auch einem Naturphilosophen angeraten, hin und wieder mal seinen Schmuck zu putzen, nicht nur aus optischen Gründen, sondern auch, weil man eben nie wissen kann, ob man dabei nicht etwas Bedeutendes herausfindet. Thales' Bernsteinpolitur wird heute gemeinhin als die Entdeckung der elektrostatischen Aufladung gesehen: Das altgriechische Wort für Bernstein lautet ἤλεκτρον/élektron und ist Namensgeber für unseren modernen Begriff der *Elek-*

trizität sowie – das ist nun nicht wirklich überraschend – für das Elementarteilchen Elektron.

Beim Öffnen des Umschlags ist Reibungselektrizität entstanden, genau wie beim Reiben von Bernstein und Wolle: Ladungen sind von der einen auf die andere Lasche übergegangen. Doch da sich die Laschen nach dem Öffnen nicht mehr berühren, können die Ladungen nicht mehr ohne Weiteres zurück, um sich *auszugleichen*. Diese Situation – getrennte Ladungen, die sich ausgleichen wollen, aber nicht können – nennt man *elektrische Spannung*. Um diese Spannung aufzulösen und einander wieder auszugleichen, wagen die Elektronen einen Base-Jump: Sie springen von der einen Lasche wieder auf die andere zurück, und zwar, gewissermaßen notgedrungen, durch die Luft.

An dieser Stelle kommt der zweite Effekt ins Spiel: Die Elektronen stoßen bei ihrem Sprung hin und wieder mit einem arglosen Luftteilchen zusammen, und bei diesem Zusammenprall kann das Luftteilchen seinerseits ein Elektron verlieren. Ein anderes herumfliegendes Elektron kann diesen frei gewordenen Platz einnehmen, und wenn es das tut, leuchtet es. Denn beim Herumfliegen hat das Elektron mehr Energie, als wenn es festsitzt, und diese Herumfliegeenergie, die es nach dem Andocken an das Luftteilchen nicht mehr braucht, muss es loswerden: Es sendet quasi als Ersatz *Licht* aus. Ihr Briefumschlag sprüht also Funken, weil Elektronen zwischen den Klebelaschen leuchten.

Die Klebe ist übrigens wichtig. Wenn Sie ein Blatt Papier von einem Stapel nehmen, blitzt nichts, selbst wenn Sie es ganz schnell wegziehen. Denn unter dem Mikroskop betrachtet, berühren sich die Blätter mit ihrer rauen, zerklüfteten Oberfläche nur an wenigen Stellen. Der Kleber ändert das: Er fließt in die Spalten und versucht, die ganze Oberfläche zu benetzen. Durch den Kleber können sich die Laschen des Umschlags also viel enger aneinanderschmiegen und sich gegenseitig aufladen.

Wenn Sie es genau wissen wollen: Als ich eben beschrieben habe, dass Elektronen von der einen Lasche auf die andere Lasche übergehen, habe ich nicht verraten, von welcher Lasche aus sie starten und auf welcher sie landen – aus gutem Grund. Denn Elektronen sind nicht wählerisch: Die Klebelaschen sind gleich, warum also sollten die Elektronen bevorzugt auf eine von beiden springen, auf die andere aber nicht? Die Elektronen springen auf beide Laschen gleichermaßen – die einen von links nach rechts, die anderen von rechts nach links –, beim Auseinanderreißen laden Sie also nicht eine Lasche komplett positiv und die andere komplett negativ auf. Trotzdem entstehen durch das Springen der Elektronen auf jeder Lasche kleine geladene Bereiche, positive wie negative, und auf der anderen Lasche, gegenüber, ist es genau umgekehrt. Diese unterschiedlich geladenen Bereiche, die sich gegenüberliegen, sorgen für die Spannung, die es schließlich blitzen lässt.

Wo findet man das noch? Genau das Gleiche, was Sie mit dem Öffnen eines selbstklebenden Briefumschlags auslösen, passiert bei einem Gewitter: Ladungen werden getrennt und gleichen sich mit einem Funkenschlag, einem Blitz, wieder aus. Die Ladungstrennung geschieht in der Gewitterwolke nicht durch das Auseinanderziehen von Klebelaschen, sondern unter anderem dadurch, dass Eis- und Wasserteilchen aneinander reiben und auseinanderdriften. Da es ein paar Ladungen mehr als bei Ihrem Briefumschlag sind, die da getrennt werden, und da sie eine größere Strecke zurücklegen, ist ein Blitz am Himmel etwas imposanter.

Das Licht, das von Teilchen ausgesendet wird, ist nicht nur spektakulär (wie bei einem Blitz) und verblüffend (wie bei einem Briefumschlag), sondern auch aufschlussreich, denn es verrät etwas darüber, wie Teilchen in ihrem Inneren aufgebaut sind oder wie sie sich verhalten, wenn sie auf andere Teilchen treffen. Je nachdem, was Teilchen tun oder wie sie aufgebaut sind, schicken sie nämlich unterschiedliches Licht aus. So hat zum Beispiel jedes *Element* – Helium, Sauerstoff, Eisen, Quecksilber und so weiter – seine ganz eigene Kombination von Farben, die es aussendet oder auch aufnimmt, sein eigenes, charakteristisches Muster von *Spektrallinien*. Physiker machen sich das zunutze, um etwas über den Aufbau oder den Zustand der Stoffe zu lernen, was ziemlich clever ist, allerdings auch ziemlich aufwendig, sodass Sie es zu Hause mit den Geräten, die Sie in der Küche, im Keller, in der Garage oder in der Werkstatt finden, wahrscheinlich nicht schaffen werden, aus dem Leuchten mehr über die Stoffe zu lernen als die Tatsache, dass sie leuchten. Aber ist das allein nicht schon großartig?

Übrigens sind leuchtende Briefumschläge nicht nur ein verblüffender Effekt für Hobbyphysiker, sondern beschäftigen auch Wissenschaftler (allerdings nicht allzu viele, vermute ich): Physiker der University of California haben 2008 im Fachmagazin *Nature* berichtet, dass zwischen den Klebelaschen eines Briefumschlags nicht nur ein Blitz aus gewöhnlichem Licht, sondern auch hochenergetisches *Röntgenlicht* gemessen wurde, was sie mit den gängigen Theorien allerdings nicht erklären können. In einem gewöhnlichen Briefumschlag stecken also sogar noch Rätsel für die Wissenschaft.

Kühles, dampfendes Bier

Woher kommt der Nebel
beim Öffnen einer Bierflasche?

Selbst wenn Sie der Experimentalphysik bisher nur wenig abgewinnen konnten, sollte Ihnen dieses Experiment zusagen.

Das Experiment: Nehmen Sie eine Flasche Bier aus dem Kühlschrank und öffnen Sie sie. Schauen Sie auf die Flaschenöffnung. Wenn Sie ausreichend physikalische Erkenntnis gewonnen haben, dürfen Sie die Flasche leeren.

Was Sie sehen: Direkt nach dem Öffnen steigt eine dünne Wolke aus der Flasche auf.

Was dahintersteckt: Es ist nicht nur eine lyrische und (vielleicht dem vorausgegangenen Genuss ähnlicher Experimente geschuldete) unwissenschaftliche Beschreibung dessen, was Sie beobachten können, sondern es handelt sich bei dem, was aus der Flasche aufsteigt, tatsächlich um eine *Wolke* wie die Wolken am Himmel: einen Haufen winziger Wassertröpfchen.

In der Bierflasche waren sie noch *gasförmig*, das heißt, die Wasserteilchen schwebten als *Wasserdampf* zwischen Bier und Deckel hin und her. Sie waren auf dem kleinen Stückchen regelrecht eingezwängt und sind, als Sie die Flasche geöffnet haben, mit einem Zischen herausgeströmt. Hier draußen ist viel mehr Platz – stellen Sie sich vor, wie groß Ihre Küche für ein Gasteilchen wirken muss, das bisher nur das Innere der

Bierflasche kannte! –, und die Gasteilchen, die sich gerade noch in der engen Flasche drängten, sich anrempelten und hin und her sausten, stieben jetzt in alle Richtungen auseinander. Dabei werden sie langsamer, denn das Herumtoben in der neuen Freiheit kostet *Energie*. Das können wir nicht sehen, aber wir spüren es: Das Gas wird kühler, denn *Temperatur* ist, wissenschaftlich genau genommen, nichts anderes als eine Maßzahl für die *Teilchenbewegung*. Dieses exotische Expertenwissen nutzt Ihnen wahrscheinlich nichts, wenn Sie schwitzen oder Ihnen kalt ist, aber schnelle Teilchen bedeuten Hitze, langsame Teilchen bedeuten Kälte. Für Physiker sind Temperatur und Teilchenbewegung das Gleiche.

Der Wasserdampf kühlt ab, wenn er aus der Flasche strömt, weil die Gasteilchen plötzlich mehr Platz haben und langsamer werden, und was jetzt passiert, kennen Sie aus Ihrem Badezimmer: Wenn Wasserdampf kalt wird, *kondensiert* er, das heißt, das Gas verwandelt sich in eine Flüssigkeit und bildet kleine Tröpfchen. Im Badezimmer passiert das auf dem Spiegel, bei der Bierflasche direkt in der Luft, sodass eine Wolke entsteht.

Apropos Wasserdampf: Man kann eine Menge falsch machen, wenn man sich über Wolken und Wasserdampf unterhält, und steht schnell als wunderlicher Kauz da, nur weil man nicht das richtige Wort gewählt hat. »Richtig« heißt in diesem Fall nicht einmal »wissenschaftlich richtig«, denn einige Begriffe rund um Wasser und Wolken sind zwar wissenschaftlich korrekt, wirken im normalen Leben aber trotzdem verschroben. Konkret: Ist Wasser gasförmig, sagt man nicht *Wassergas*, sondern *Wasserdampf*. (Wassergas gibt es auch, es ist aber etwas anderes; fragen Sie bitte einen Chemiker.) Wissenschaftlich korrekter Wasserdampf ist also ein Gas und als solches unsichtbar. Das jedoch passt nicht zu dem, was Sie und ich im Alltag Dampf nennen, den kann man schließlich sehen. Dieser Dampf enthält winzige flüssige Tröpfchen, ist also nicht mehr nur gasförmig,

und Wissenschaftler sagen dazu *Nebel* oder in manchen Fällen auch *Aerosol*. Hinzu kommt, dass man im Alltag bei dem Wort »Dampf« meistens an etwas Heißes denkt, auch wenn Wissenschaftler damit ganz allgemein den gasförmigen Zustand einer Flüssigkeit oder eines festen Stoffes bezeichnen, unabhängig von seiner Temperatur. Kühler Dunst, der aus einer Wiese aufsteigt, ist ebenso Dampf wie heiße Schwaden über einem Kochtopf. Missverständnissen sind in diesem Bereich Tür und Tor geöffnet. Mit folgendem Satz können Sie wissenschaftlich punkten, manövrieren sich gesellschaftlich aber vermutlich ins Abseits: »Eine Wolke besteht nicht aus Wasserdampf, sondern aus Aerosol.«

Wo findet man das noch? Die Zutaten und Effekte, die in der Bierflasche zusammenspielen – Wasser, Luft, Druck, Temperatur, Ausdehnung, Kondensation –, bestimmen auch unser Wetter. Schon in der Bierflasche ist hoch kompliziert, was physikalisch auf der Grenze zwischen gasförmigem und flüssigem Wasser abläuft; was sich jedoch im Großen daraus ergibt – Wirbelstürme, Wind, Monsunregen, Dürre –, ist noch viel verworrener, vielfältiger und komplexer, und Wissenschaftler versuchen, die Abläufe und Zusammenhänge mit Formeln zu beschreiben, um sie zu verstehen und vorherzusagen.

Apropos Klima: Während es für das Raumklima egal ist, ob Sie eine kleine Flasche Bier öffnen (oder auch eine große), spielen Wolken und Wasserdampf bei den Prozessen, die unser Wetter bestimmen, eine Schlüsselrolle. Luft kann Wasserdampf aufnehmen: Bei 30 Grad Celsius fasst sie etwa 30,3 Gramm Wasserdampf pro Kubikmeter. Fliegt über diese sogenannte *Sättigungsmenge* hinaus noch mehr Wasserdampf herum, kondensiert er und wird flüssig, und es bildet sich – je nach Menge und Wetter – Nebel, Raureif, Schnee, Hagel oder Regen.

Soeben haben Sie (wahrscheinlich unbemerkt) gelernt, was es mit absoluter und relativer Luftfeuchtigkeit auf sich hat. Die

Begriffe sorgen seltsamerweise immer wieder für Verwirrung, obwohl sie nicht kompliziert sind: Die *absolute Luftfeuchtigkeit* ist die Menge an Wasserdampf in einer Portion Luft; um sie anzugeben, muss man also wissen, über wie viel Kubikmeter Luft man spricht und wie viel Gramm Wasserdampf diese Portion enthält. (Falls Sie über die Einheit stolpern: Ein *Kubikmeter* sind 1000 Liter. Beim Einkaufen ist die Einheit *Liter* etwas praktischer.) Die *relative Luftfeuchtigkeit* gibt hingegen, grob gesprochen, an, wie viel Wasserdampf die Luft enthält, verglichen mit der maximal möglichen Menge. Bei 100 % relativer Luftfeuchtigkeit ertrinken wir nicht, weil sich die Prozentangabe nicht auf die Portion bezieht, sondern auf die Sättigung: Die Portion Luft ist nicht zu 100 % mit Wasser gefüllt, sondern mit Wasserdampf gesättigt und kann nichts mehr aufnehmen. Alles, was jetzt noch hinzukommt, bleibt nicht gasförmig, sondern kondensiert in Form von Wassertröpfchen. (Bei Prozentangaben sollte man sich generell fragen: Prozent von was? Wenn man diese Frage stellt – und vielleicht sogar beantwortet –, kann man einige statistische Irrtümer vermeiden, die schlicht dar-aus resultieren, dass Prozentangaben zwar praktisch zum Vergleichen sind, wir aber intuitiv kein Gefühl für sie haben.) Kurz nachdem Sie die Bierflasche geöffnet haben, betrug die relative Luftfeuchtigkeit über der Flasche 100 %, denn die Feuchtigkeit hat sich als Nebel niedergeschlagen – offenbar war die Maximalmenge dessen erreicht, was hier in Gasgestalt herumfliegen konnte.

Wolken haben übrigens Namen. Sie stehen im »Internationalen Wolkenatlas«, den eine Sonderorganisation der Vereinten Nationen herausgibt (wie die UNESCO und die WHO, nur eben zuständig für Atmosphäre und Klima: die WMO, die »World Meteorological Organization«). Obwohl es sich bei dem Nebel über Ihrer Bierflasche um eine Wolke handelt, zumindest aus physikalischer Sicht, bezweifele ich jedoch, dass die

Bierflaschenwolke als eigene Gattung im Wolkenatlas verzeichnet ist.

Der Wolkenatlas geht zurück auf den Londoner Apotheker Luke Howard, der um 1800 die Idee hatte, dass man Wolken in Kategorien einteilen kann, was kein unerhört kreativer Einfall war, schließlich hatte der schwedische Botaniker und Zoologe Carl von Linné ein paar Jahre zuvor Pflanzen und Tiere in Klasse, Ordnung, Gattung, Art und Varietät eingeteilt und damit die Grundlage für das System geschaffen, nach dem Biologen heute Pflanzen und Tiere benennen; eine einheitliche Klassifikation war also auch damals keine bahnbrechende Idee, bei so etwas Ätherischem wie Wolken aber zumindest eine, auf die nicht viele andere gekommen sind. Man kann nicht leugnen, dass das Ansinnen, Wolken zu beobachten und ihre Form zu beschreiben, nicht ausschließlich nach naturwissenschaftlichem Forschergeist klingt, sondern auch ein bisschen nach Hans Guckindieluft; doch Luke Howard schuf mit seinem Einteilungsschema die Grundlage für die systematische Beschreibung von Wolken und damit auch für ihre wissenschaftliche Untersuchung, auch wenn Wolkennamen wie Altocumulus translucidus, Cirrus fibratus oder Cumulonimbus klingen wie Titel ehrwürdiger Geheimlogen-Vorsitzender oder Zaubersprüche bei Harry Potter. Die Wissenschaft der Wolken heißt übrigens *Nephologie*, was Sie nicht mit *Nephrologie* verwechseln sollten, dem medizinischen Fachgebiet rund um die Niere. (Zu wissen, dass beide Begriffe aus dem Altgriechischen stammen – nämlich von νεφρός/nephrós, Niere, und νέφος/néphos, Wolke –, schützt Sie wahrscheinlich auch nicht davor, sie zu verwechseln, aber ich wollte es schnell noch erwähnt haben.)

Wann ist Luft feucht? Eben habe ich erwähnt, dass Luft bei 30 Grad pro Kubikmeter ungefähr 30 Gramm Wasserdampf aufnehmen kann (oder, wenn Sie sich das besser vorstellen können, 0,03 Gramm pro Liter). Hinter der scheinbar beiläufigen Temperaturangabe steckt ein Clou: Je wärmer Luft ist, desto mehr Wasserdampf kann sie unterbringen. Nur die absolute Luftfeuchtigkeit anzugeben nutzt also wenig, wenn Sie nicht noch die Temperatur dazu verraten, weil man dann nicht weiß, ob die Luftfeuchtigkeit hoch oder niedrig ist. Bei 5 Grad beträgt die Sättigungsmenge, die Maximalmenge Wasserdampf, die in die Luft passt, rund 6,8 Gramm pro Kubikmeter. Bei 30 Grad sind es besagte 30,3 Gramm. Und bei 80 Grad nimmt die Luft bereits unglaubliche 290,7 Gramm Wasserdampf auf.

Die relative Luftfeuchtigkeit ist, wie eben gesagt, die Luftfeuchtigkeit bezogen auf die Maximalmenge, die die Luft aufnehmen kann, und weil diese Maximalmenge mit steigender Temperatur immer größer wird, wird die relative Luftfeuchtigkeit immer geringer, wenn es wärmer wird. Das ist erst einmal eine rein rechnerische Konsequenz. Doch sie hat auch spürbare Auswirkungen: Beispielsweise machen 6,8 Gramm Wasserdampf pro Kubikmeter an einem Sommertag bei 30 Grad nicht viel aus, die relative Luftfeuchtigkeit beträgt dann rund 22 %. Wenn es draußen nur 5 Grad Celsius oder kälter ist, sind diese 6,8 Gramm jedoch die Maximalmenge, die die Luft schlucken kann; die relative Luftfeuchtigkeit beträgt dann 100 %, und Nebel entsteht. Ob wir Luft feucht oder trocken finden, hängt also nicht ausschließlich von der enthaltenen Wassermenge, sondern auch ganz entscheidend von der Temperatur ab.

Rubbel die Katz

Wie kann man Wasser biegen?

Physik ist zwar die Wissenschaft des Allgegenwärtigen, trotzdem scheint sie die Naturgesetze, wie wir sie kennen, hin und wieder auf den Kopf zu stellen. Ein Beispiel für so etwas Merkwürdiges und Magisches in der Physik ist gebogenes Wasser.

Das Experiment: Sie benötigen einen Wasserhahn, ein langes Plastiklineal und ein Katzenfell. Sollten Sie eine dieser Zutaten nicht zur Hand haben und es problematisch finden, sie zu beschaffen, kann ich Sie beruhigen: Das geht auch Physikern so. Nie hat man ein Lineal zur Hand, wenn man es braucht. Nein, es geht natürlich um das Katzenfell. Was Sie tun können, wenn Sie keines haben oder besorgen können, verrate ich Ihnen am Ende dieses Kapitels. Ich gehe jedoch erst einmal davon aus, dass Sie ein Plastiklineal und ein Katzenfell in der Hand halten und sich in der Nähe eines Wasserhahns befinden, zum Beispiel im Badezimmer, in der Küche oder im Garten. Eine öffentliche Toilette mit Waschbecken tut es auch, aber es gibt bessere Orte für Zaubertricks.

Drehen Sie den Wasserhahn auf und langsam wieder zu, bis das Wasser gerade noch fließt. Der Strahl muss möglichst dünn sein, darf aber auch nicht tröpfeln oder sprühen. Reiben Sie das Lineal am Fell (ohne Hemmungen mit festem Griff rauf und runter, so als wollten Sie es polieren) und führen Sie es dann an den Wasserstrahl heran, ohne ihn zu berühren.

Was Sie sehen: Der Wasserstrahl fließt nicht mehr gerade nach unten, sondern wird in Richtung des Lineals gebogen. Ist das nicht bizarr? Wir sind von Wasser gewohnt, dass es aus dem Hahn senkrecht nach unten fließt. Vom gerubbelten Lineal jedoch scheint eine magische Kraft auszugehen: Offensichtlich können Sie mit ihm einen Wasserstrahl ablenken!

Was hier vor sich geht: Obwohl wir so ein Verhalten von Wasser nicht kennen, ist es ganz normal: Es handelt sich um gewöhnliche Physik, um das Ergebnis grundlegender Naturgesetze. (Dass wir so ein Verhalten dennoch eigenartig finden, mag daran liegen, dass wir im Alltag selten mit an Katzenfell gerubbelten Linealen in der Nähe von Wasserstrahlen hantieren.) Dass sich der Wasserstrahl in Richtung des Lineals biegt, liegt zum einen daran, dass Sie das Lineal am Katzenfell gerieben haben, und zum anderen an der speziellen Art, wie Wasser aufgebaut ist.

Ein Wasserteilchen besteht aus einem Sauerstoff-Atom und zwei Wasserstoff-Atomen, wie schon seine berühmte chemische *Summenformel* H_2O anzeigt: Das Elementsymbol O steht für *Sauerstoff* (für den Angebernamen »Oxygenium«), *Wasserstoff* besitzt das Elementsymbol H (für »Hydrogenium«); entsprechend bedeutet die Formel H_2O, dass Wasser aus zwei H und einem O, aus zwei Wasserstoff-Atomen und einem Sauerstoff-Atom, aufgebaut ist. Was die Summenformel jedoch nicht verrät, ist, wie genau die Atome zusammenhängen: Ein Wassermolekül sieht im Wesentlichen so aus wie ein Micky-Maus-Kopf; das Sauerstoff-Atom ist der Kopf, die beiden Wasserstoff-Atome sind die Ohren.

Es ist nicht zu leugnen, dass die Summenformel unpraktisch ist, wenn man wissen möchte, wie ein Stoff aufgebaut ist. Sie ähnelt einem Kochrezept, in dem nur die benötigten Zutaten stehen, nicht aber, in welcher Reihenfolge und wie sie zubereitet werden. Das ist Chemikern auch schon aufgefallen. Um eine chemische Verbindung zu beschreiben, benutzen sie deshalb auch die *Strukturformel*, gewissermaßen eine Skizze des Molekülskeletts. Die Strukturformel von Wasser gibt nicht nur die Zutaten »zwei Wasserstoff, ein Sauerstoff« an, sondern auch, wie sie angeordnet sind: eben als Micky-Maus-Kopf.

Die einzelnen Teile des Wassers sind ein bisschen *elektrisch geladen*: der Sauerstoff-Kopf negativ, die beiden Wasserstoff-Ohren positiv. Das Wasserteilchen insgesamt ist zwar elektrisch *neutral* (wie jedes normale Molekül), aber die Ladungen in ihm sind ungleich verteilt, es hat eine elektrisch negative und eine elektrisch positive Ecke; Physiker nennen das *Dipol*. Wegen dieser geladenen Ecken reagiert das eigentlich elektrisch neutrale Wasser auf ein *elektrisches Feld*.

Das elektrische Feld kommt vom Lineal: Sie haben es durch das Rubbeln am Katzenfell *elektrostatisch aufgeladen*. Da sich ungleiche Ladungen anziehen, drehen sich die positiv geladenen Ohren der Mickymäuse in Richtung des negativ geladenen Lineals, und es entsteht eine *Anziehungskraft*. Zwar sorgen die negativ geladenen Köpfe auch für eine Kraft, die die Wasserteilchen vom Lineal wegdrückt, denn gleiche Ladungen stoßen sich ab, aber sie sind durch die Drehung der Wassermoleküle weiter vom Lineal entfernt und haben deshalb nicht so viel Einfluss. Daher biegt sich der ganze Strahl in Richtung des Lineals.

Dass Sie ein Lineal durch Reiben an einem Katzenfell aufladen können, verdanken Sie der *Reibungselektrizität*. Durch das Reiben kommen Katzenfell und Lineal in besonders innigen Kontakt, und negative Ladungen, *Elektronen*, werden vom Fell abgestreift und springen auf das Lineal über. Das Lineal wird dadurch elektrisch aufgeladen, und die geladenen Ecken des Wassermoleküls werden von dieser Ladung angezogen. Deshalb biegt sich der Wasserstrahl in Richtung des Lineals, ganz ohne dass die beiden sich berühren. Der magische Physik-Trick wäre damit enträtselt, aber eine wichtige Frage ist noch offen.

Was tue ich, wenn ich gerade kein Katzenfell zur Hand habe? Die Frage ist berechtigt. Ein Katzenfell gehörte viele Jahre lang in jede gute physikalische Gerätesammlung, denn tatsächlich eignet es sich zum Aufladen von Kunststoffgegenständen sehr gut. Ich vermute jedoch, in den meisten Haushalten ist kein Katzenfell vorhanden, und wenn doch, dann nicht zum Experimentieren. Man kann aber auch andere Dinge durch Reibung aneinander aufladen. Wie gut das klappt, hängt konkret davon ab, welche zwei Materialien man kombiniert. Einer sogenannten *triboelektrischen Reihe* kann man entnehmen, ob ein Stoff im Kontakt mit einem anderen negative Ladungen abgibt oder aufnimmt: Stoffe, die in der Reihe weiter oben stehen, geben bei Kontakt negative Elektronen an Stoffe weiter unten ab. (Sie werden beim Reiben also positiv.)

+ positives Ende der Reihe
Asbest (bloß nicht)
Kaninchenfell (nicht das der Kinder)
Glas (vergleichsweise problemlos)
Nylon (klappt auch mit Laufmasche)
Wolle (echte Wolle)
Pelz (nicht mehr in Mode, im Labor aber egal)
Seide (Experimentieren mit Stil)
Baumwolle (keine echte Wolle)
Silber (es gibt billigere Materialien in dieser Liste)
Gold (das nicht)
Polyester (Plastik: Laufshirts, PET-Flaschen)
Polyethylen (Plastik: Müllbeutel, Putzmittelflaschen)
PVC (Plastik: Fußbodenplatten, Kreditkarten, Schallplatten)
Silikon (im Baumarkt oder im Brustimplantat)
– negatives Ende der Reihe

Sie sehen also, dass sich auch ein Wolltuch (weit oben in der Reihe) eignet, um einen Plastikstab (weit unten) negativ aufzuladen. Die triboelektrische Reihe ist praktisch, aber mit Vorsicht zu genießen, denn schon kleine Verunreinigungen der Stoffe können die Reihenfolge stark verändern. Die Experimentierhinweise, die in Klammern angegeben sind, sind übrigens kein regulärer Bestandteil der Reihe – ich gebe sie Ihnen gratis als Extra mit dazu.

Das Problem, kein Katzenfell zur Hand zu haben, kennen übrigens auch Wissenschaftler, denn Anfang 2009 hat die Europäische Union den Handel mit Katzenfellen verboten. Was Tierschützer freute, brachte Physiker in eine missliche Lage: Woran sollten sie ihre Stäbe reiben, wenn sie künftig elektrostatische Aufladung brauchten? Katzenfelle hatten sich bewährt, doch auch das beste Katzenfell nutzt sich einmal ab – wie sollte es also weitergehen ohne Katze? Die Physikalisch-Technische Bundesanstalt hat um 2009 also nach einem Ersatzstoff gesucht, der ebenso gut Dinge auflädt und ebenfalls als anschmiegsames Tuch vorliegt – schließlich sollte man damit Plastikobjekte jeglicher Gestalt abreiben können. Beim Durchprobieren verschiedener Tücher und Filze wurden die Wissenschaftler fündig: *Verfilzte Schafwolle* gibt sogar noch leichter Elektronen ab und ist der perfekte Ersatz für einen ausgemusterten Katzenlappen! Socken aus Schafwolle tun es übrigens nicht, es muss laut Physikalisch-Technischer Bundesanstalt schon ein besonderer Filz vom Schaf sein: »Neufilz 125 meliert, fünf Millimeter dick, spezifisches Gewicht 0,20 Gramm pro Kubikzentimeter«.

Wo findet man das noch? Viele Kunststoffe laden sich durch Reibung elektrostatisch auf. Das kann gefährlich werden, denn sie können sich mit einem *Funkenschlag* wieder entladen und dabei an einem ungünstigen Ort wie einem Chemikalienlager, einer Fabrik oder einer Tankstelle eine Explosion auslösen. Deshalb wird in Prüfstellen getestet, wie stark sich ein Kunststoffgegenstand aufladen lässt, indem er – genau wie in unserem Experiment – mit einem Fell oder Filzlappen abgerieben wird. Katzenfell war bis 2009 das Mittel der Wahl, ohne ein Katzenfell ging bei TÜV und Dekra in Sachen Aufladetests gar nichts.

Eine weitere wichtige Anwendung ist außerdem: Mit dem gebogenen Wasserstrahl sind Sie als Gebieter der Naturgesetze der Star auf dem nächsten Kindergeburtstag.

Salziges Plastik
am Babypopo

Warum bleiben Windeln trocken?

Hightech finden wir im Alltag nicht nur bei Navigationsgeräten, atmungsaktiven Regenjacken, beschichteten Pfannen und flachen Fernsehern, sondern auch am Wickeltisch: Eine Windel bleibt trocken, selbst wenn sie voller Urin ist. Es sieht vielleicht nicht so aus, aber das ist Spitzentechnologie.

Das Experiment: Um die Faszination der Windel-Wissenschaft zu erleben, benötigen Sie, wie Sie wahrscheinlich schon vermutet haben, eine Windel. Wenn Sie eigens für das Experiment eine kaufen wollen, nehmen Sie die größte Größe, die Sie bekommen können! Außerdem benötigen Sie eine Schere, einen Teelöffel und ein Glas. (Für einen spektakulären Versuch reichen diese Zutaten bereits. Wenn Sie allerdings nicht bloß auf aufsehenerregende Effekte aus sind, sondern wirklich wissenschaftliche Ambitionen hegen und das Ergebnis des Experiments mit handfesten Messwerten beschreiben wollen, brauchen Sie zusätzlich einen Messbecher und eine genaue Küchenwaage.)

Breiten Sie die Windel so vor sich auf dem Tisch aus, als wollten Sie ein Kind wickeln (falls Ihnen das entsprechende Vorstellungsvermögen fehlt: so, dass die weiche Innenseite zu Ihnen zeigt und die glatte Außenseite auf der Tischoberfläche zu liegen kommt). Schneiden Sie die Windel in der Mitte auf, um an ihr Innenleben zu gelangen. Unter einer weichen Schicht

Watte finden Sie ein weißes Pulver, das so ähnlich aussieht wie Zucker; kratzen Sie mit dem Teelöffel etwas davon aus der Windel heraus (und messen Sie, falls Sie es genau wissen wollen, mit einer Küchenwaage oder besser noch einer Briefwaage nach, wie viel Sie herausgeholt haben – es sollte mindestens ein Gramm sein). Geben Sie das Pulver in das Glas und gießen Sie Wasser hinterher, bis das Glas zu einem Viertel gefüllt ist. (Wenn Sie sich für die wissenschaftliche Variante des Experiments entschieden haben, benutzen Sie den Messbecher und notieren Sie genau, wie viel Wasser Sie ins Glas gegossen haben.) Warten Sie einen Moment. Wenn es Ihnen das erhabene Gefühl gibt, ein echter Wissenschaftler zu sein, können Sie das Glas dabei ins Gegenlicht halten und schwenken. Wenn Sie das Gefühl intensivieren wollen, können Sie auch noch einen Kittel anziehen, beim Beobachten die Augen leicht zusammenkneifen und, sobald Sie etwas bemerken, »Heureka!« rufen.

(Das mag Ihnen das Gefühl naturwissenschaftlicher Arbeit vermitteln, allerdings ist es naturwissenschaftliche Arbeit, wie sie sich Nicht-Naturwissenschaftler vorstellen. Daran schuld sind unter anderem Fotografen und Kameraleute, die rund um die Welt bei dem Versuch, komplizierte Forschung abzubilden, gern das Motiv »Wissenschaftler im Kittel späht im Gegenlicht in ein Reagenzglas« wählen. Das gibt wissenschaftliche Arbeit allerdings unzureichend wieder, denn Wissenschaftler hängen auch häufig vor dem Computer und werten Daten aus, schreiben dröge Anträge auf Fördermittel, lesen Forschungsberichte, trinken Kaffee oder ärgern sich, weil irgendetwas nicht klappt. Im Labor ruft selten jemand »Heureka«, sondern eher »verdammter Mist«.) Aber zurück zum Experiment: Egal ob mit Kittel oder ohne, beobachten Sie, was mit dem Wasser im Glas geschieht!

Was Sie sehen: Das Wasser wird immer trüber und fester. Nach einer Weile können Sie das Glas sogar umdrehen –

das Wasser ist zu einem Gelee geworden und bleibt im Glas kleben!

Was hier vor sich geht: Das Geheimnis der Windel liegt offensichtlich in dem weißen Pulver, welches Urin beziehungsweise in Ihrem Experiment Wasser (will ich hoffen!) in eine feste Masse verwandelt. Es ist ein sogenannter *Superabsorber*, und sein Name ist Programm: Er absorbiert super viel Wasser. Wie er das macht, ist überaus trickreich und komplex.

Der Superabsorber ist ein *Kunststoff*, gleichzeitig besitzt er salzartige Bausteine, er ist gewissermaßen salziges Plastik. Kunststoffe bestehen im Allgemeinen aus riesigen Teilchenverbünden, aus sogenannten *Makromolekülen*, die sich aus Tausenden und Abertausenden sich wiederholender Grundeinheiten zusammensetzen. Wissenschaftler nennen solche Stoffe *Polymere* (vom altgriechischen πολύ/polý, viel, und μέρος/méros, Teil; »polymer« bedeutet also genau das, was ich gerade gesagt habe: aus vielen Teilen zusammengesetzt). Der Superabsorber ist ein Polymer aus den Bausteinen *Acrylsäure* und *Natriumacrylat*. Das Natriumacrylat ist es, was den Stoff salzig macht: Es ist zwar kein Kochsalz, kein Natriumchlorid, aber ähnlich aufgebaut und aus wissenschaftlicher Sicht deshalb ebenfalls ein *Salz*. Die langen Ketten aus Acrylsäure und Natriumacrylat werden durch weitere Chemikalien untereinander verbunden, und es werden auch noch ein paar chemische Veränderungen vorgenommen, um das Netzwerk stabil zu machen, im Wesentlichen jedoch besteht der Superabsorber aus langen, verknäulten Ketten, die man sich wie Spaghetti auf einem Teller vorstellen kann.

Trifft nun Wasser auf diese Knäuel, wird es in die engen Kanäle zwischen den Ketten gesogen. Dafür sorgen *Kapillarkräfte*, die auch dafür verantwortlich sind, dass Wasser in Glasröhrchen aufsteigt oder von einem Schwamm aufgenommen werden kann. Kapillarkräfte, die eine Flüssigkeit wie aus dem

Nichts in die Höhe zu saugen scheinen, entstehen, weil sich verschiedene Materialien (wie Wasser und Schwamm) sehr nahe kommen und anziehen, gleichzeitig aber auch Anziehungskräfte zwischen den Wasserteilchen selbst das Wasser zusammenhalten wollen.

Eine Windel ist allerdings ausgefuchster als ein Schwamm und hat noch mehr zu bieten als den einfachen Kapillareffekt: Tief im Inneren, im verschlungenen Gewirr des Superabsorbers, trifft das Wasser auf die Salz-Bausteine, das Natriumacrylat. Es will sie auflösen – genau so, wie es auch herkömmliches Kochsalz auflöst –, aber schafft es nicht (natürlich nicht, denn wenn sich der Superabsorber von Wasser auflösen ließe, wäre er kein super Absorber, sondern das Gegenteil: denkbar ungeeignet, um Wasser aufzunehmen). Dem Wasser gelingt es zwar, das positiv geladene Natrium-Stückchen vom Natriumacrylat abzulösen und es zu umschließen (genauso wie beim Auflösen von Kochsalz), und es lagert sich sogar zaghaft an der negativ geladenen Andockstelle an, an der es das Natrium abgerissen hat, aber der Superabsorber ist einfach zu komplex und zu gut vernetzt, um sich komplett von Wasser umschließen und auflösen zu lassen. So bleibt dem armen Wasser nichts anders übrig, als physikalischen Gesetzen zu gehorchen: Anstatt seine aussichtslose Lage hinzunehmen und vom Superabsorber abzulassen, hält es die Salzkomponenten trotzig umschlossen und ist damit im Superabsorber gebunden. Diese Bindung ist wesentlich stärker als die Bindung in einem Schwamm, die lediglich auf Kapillarkraft beruht: Während man einen Schwamm einfach ausdrücken kann, bleibt das Wasser im Superabsorber gefangen, selbst wenn man die Windel zusammenpresst.

Aber das ist noch nicht alles, der Superabsorber hat noch einen Trick auf Lager: Die Andockstellen, an denen bis gerade noch Natrium-Teilchen klebten, werden zwar von lösungsgierigem Wasser umlagert, sind aber immer noch ein bisschen negativ geladen, weil es das Wasser schlicht nicht schafft, ihre

negative Ladung komplett auszugleichen. In den langen, verschlungenen molekularen Ketten des Superabsorbers tauchen also immer wieder, zum Teil auch nah beieinander, diese negativ geladenen Stümpfe auf, und weil sich gleiche *Ladungen* abstoßen, versuchen sie, einen möglichst großen Abstand zueinander einzunehmen, was zur Folge hat, dass das Molekül gestreckt und regelrecht aufgespannt wird. Von außen können Sie das daran sehen, dass das Pulver aufquillt, wenn es mit Wasser in Berührung kommt. Dadurch, dass sich die verknäulten Molekülketten entfalten, kann der Superabsorber noch mehr Wasser aufnehmen, denn nun findet das Wasser auch in den hinterletzten Ecken des Polymers noch Stellen, an denen es Natrium ablösen und sich am zurückbleibenden Stumpf anlagern kann. Irgendwann jedoch sind partout keine Salz-Stückchen mehr frei, die von Wasser umschlossen werden können – dann hat der Superabsorber seine Grenze erreicht und nimmt kein Wasser mehr auf.

Was ist mit Urin? Die ganze Zeit spreche ich hier von Wasser, doch Urin besteht aus mehr als nur Wasser (wie Sie durch ein einfaches Experiment, das ich hier nicht näher beschreiben möchte, schnell bestätigen können). Unter anderem enthält Urin Salze, und diese Salze machen es dem Superabsorber schwer. Seine ungeheure Aufnahmefähigkeit beruht schließlich darauf, dass Wasser darauf erpicht ist, die Salzstruktur anzugreifen und sich an das positiv geladene Natrium-Stückchen und die negativ geladene Andockstelle anzulagern. Wasser, das bereits Salzbausteine umschlossen hält – wie es zum Teil in Urin der Fall ist –, kann jedoch nicht mehr vom Superabsorber gebunden werden. Außerdem können sich die Salzteilchen, die im Urin herumschwimmen, auch an den Andockstellen im Polymer anlagern und sie abschirmen – zum einen gegen Wasser, das sich hier niederlassen möchte, zum anderen gegen die abstoßende Kraft anderer Andockstellen, sodass sich das Polymer nicht mehr so heftig auseinanderstreckt. Eine Windel nimmt deshalb deutlich weniger Urin auf als reines Wasser.

Wie viel Urin die Windel genau schluckt, hängt erstens davon ab, welcher Superabsorber in der Windel verwendet wird, denn obwohl sie nach dem gleichen Prinzip funktionieren, können sich Superabsorber in chemischen Details unterschieden, sozusagen in ihrem Rezept. Zweitens hängt es davon ab, wie viel Absorber die Windel enthält. Drittens davon, wie gut der Absorber mit dem Urin in Kontakt kommt. Viertens, wie genau der Urin chemisch zusammengesetzt ist. Auf die Frage, wie viel Urin eine Windel aufnimmt, kann man also keine klare Antwort geben, allerdings kann man guten Gewissens sagen, dass ein Superabsorber »super viel« absorbiert.

Wahrscheinlich geht »super viel« nicht als wissenschaftliche Beschreibung durch, aber vielleicht haben Sie ja mit Messbecher und Küchenwaage ermittelt, wie viel Superabsorber wie viel Wasser aufnehmen kann, und können handfeste Zahlen nennen? In meinem Experiment habe ich mit 1 Gramm Superabsorber etwa 100 Milliliter Wasser binden können. Der Absorber hat bei mir also etwa das Hundertfache seines eigenen Gewichts aufgenommen, bevor er satt war und mit jedem zusätzlichen Tropfen Wasser immer feuchter und wässriger wurde. Im Internet liest man, dass ein Superabsorber sogar das bis zu 1000-Fache seines eigenen Gewichts aufnehmen kann. Dass ich das in meinem Experiment nicht bestätigen konnte, liegt wahrscheinlich daran, dass ich Leitungswasser verwendet habe, in dem schon Salze gelöst sind, dass meine Küchenwaage nicht exakt ist und dass ich beim Herauskratzen des Superabsorbers auch ein bisschen Vlies erwischt habe. Alles keine perfekten Laborbedingungen.

Apropos Experimentier-Bedingungen: Wenn Sie nicht nur ermitteln wollen, wie viel Wasser im Superabsorber gebunden wird, sondern Ihren Versuch realistischer gestalten möchten, können Sie ihn entweder mit Urin wiederholen (keine Scheu, Sie sind nicht der erste Wissenschaftler, der mit Körperflüssigkeiten experimentiert, das ist in der Wissenschaft wesentlich weniger verrufen als im normalen Leben – fragen Sie mal im Medizinlabor, da sind Blut, Urin und Kot das tägliche Brot), oder Sie mischen 100 Milliliter Wasser mit 1 Gramm Kochsalz und stellen sich so eine 1 %-ige Salzlösung her, die Sie als Modell-Urin verwenden können.

Wo findet man das noch? Superabsorber werden hauptsächlich in Windeln und Binden eingesetzt, finden sich aber auch außerhalb des Hygieneartikelregals. Sie können helfen, die Wasserspeicherung in Pflanzenerde zu verbessern. Sie können Löschwasser in Gel verwandeln, um Feuer besser zu ersticken. Und sie können Unterseekabel robuster machen: Wenn die äußere Isolierung beschädigt wird und Wasser eindringt, quillt der Absorber auf und schützt das Kabel.

Edle Ballons im Sektglas

Wieso perlt Sekt im Glas?

Man könnte fast glauben, die Physik gäbe uns gern die Gelegenheit, ein Glas zu trinken, jedenfalls zeigen sich eine Menge spannender physikalischer Effekte an alkoholischen Getränken. Kann das Zufall sein?

Das Experiment: Gießen Sie Sekt in ein Sektglas und beobachten Sie es bzw. ihn.

Was Sie sehen: Im Sekt steigen Bläschen auf. (Das ist die nüchterne Feststellung des Naturwissenschaftlers, unter Connaisseurs sollten Sie besser sagen: »Der Sekt moussiert.«) Erstaunlich daran ist, dass es so regelmäßig und dezent abläuft: Die Bläschen steigen nur an ganz bestimmten Stellen auf, und das artig der Reihe nach, ein Bläschen nach dem anderen, wie Perlen an einer Schnur. Außerdem können Sie vielleicht erkennen, dass die Bläschen bei ihrer Reise zur Oberfläche dicker werden, je höher sie steigen. Der Sekt gibt uns also drei Rätsel auf: Woher kommen die Bläschen? Warum steigen sie brav in einer Reihe auf? Und weshalb wachsen sie?

Was hier vor sich geht: Aus dem Sekt löst sich *Kohlenstoffdioxid*. Keine Sorge, es ist zwar das berühmte Treibhausgas, dem Sie immer wieder in schlechten Nachrichten begegnen und das Sie wahrscheinlich auch unter seiner chemischen Summenformel CO_2 kennen, aber weder ruinieren Sie durch das Öffnen einer Flasche Sekt das Klima, noch bringen Sie sich in Lebensgefahr, dafür ist es zu wenig. Das Gas in der Flasche ist auf natürliche Weise bei der Gärung des Sekts entstanden und fristet seither ein trauriges Dasein. Es ist im Sekt gelöst und wartet nur auf eine Gelegenheit zu fliehen, es möchte *ausgasen*, kann es jedoch nicht, weil in der Flasche ein hoher *Druck* herrscht. Im Flaschenhals, zwischen Sekt und Korken, knubbeln sich alle Gasteilchen, die es bisher geschafft haben, aus dem Sekt auszutreten, aber es sind so viele, dass beim besten Willen kein Platz mehr übrig ist. Sie sind so zusammengepfercht, dass sie von oben auf die Flüssigkeit drücken und verhindern, dass weiteres Gas austreten kann. Hin und wieder kommt es zwar doch noch vor, dass ein Gasteilchen an die Oberfläche drängt, dafür kehrt aber ein anderes in die Flüssigkeit zurück; es herrscht ein *Gleichgewicht*, bei dem sich die Gasmenge im Sekt und die Gasmenge im Flaschenhals im Schnitt nicht verändern. So ein Gleichgewicht ist eine gute Sache, physikalisch gesehen sind alle zufrieden.

Das ändert sich jedoch, wenn Sie die Flasche öffnen. (Kurzer Sicherheitshinweis, nur prophylaktisch: Das sollten Sie lieber nicht mit der Schuhmethode machen, die ich im Kapitel »Die brutal beschleunigte Weinflasche« vorgestellt habe.) Das dicht gedrängte Kohlenstoffdioxid aus dem Flaschenhals entweicht auf einen Schlag, und plötzlich gibt es keinen so heftigen Gegendruck mehr, der von oben den Deckel auf dem Sekt hält. Die Gasteilchen im Sekt spüren die entspannte Atmosphäre sofort und suchen nach einer Möglichkeit zu fliehen. Natürlich wartet oben die Flüssigkeitsoberfläche, von der aus sie sich lösen und diskret verabschieden können, ohne dass wir es sehen, aber Gasteilchen nehmen auch gern spontane Gelegenheiten wahr, die sich ihnen unten in der Flüssigkeit bieten: Kratzer, Unebenheiten, Fasern, Dreck. An solchen Stellen sammeln sie sich und wachsen zu Bläschen. Denn Bläschen entstehen nicht

automatisch, sondern brauchen einen Anfang, Experten sprechen von *Nukleation* oder *Keimbildung.* Dahinter steckt, dass ein Kohlenstoffdioxid-Molekül, das sich aus dem Sekt lösen möchte, ringsherum erst einmal keine Chance auf Veränderung findet, weil es eben komplett von Sekt umgeben ist. Um sich mit anderen Kohlenstoffdioxid-Molekülen in nennenswerter Zahl zusammenzuschließen und ein Gasbläschen zu bilden, braucht es einen Ort mit weniger Sekt-Nachbarn, und das ist zum Beispiel die Glaswand oder ein Stück Dreck.

Dass es im Sektglas so vornehm sprudelt, liegt also an Unebenheiten und Schmutz im Glas, beziehungsweise besonders wenig Unebenheiten und Schmutz: In einer glatten, unten spitz zulaufenden Sektflöte finden sich nur wenig geeignete Stellen für eine Keimbildung, das Kohlenstoffdioxid weiß praktisch gar nicht, wo es anfangen soll, sich zu sammeln, und es gelingt ihm nur an ganz wenigen Stellen. Nur hier sehen wir dann Bläschen aufsteigen, brav hintereinander, auf direktem Weg nach oben. Wenn Sie nett zum CO_2 sein wollen, dann trocknen Sie Ihre Sektgläser beim nächsten Spülen mit einem Geschirrtuch ab, denn dann bleiben Fasern im Glas zurück, an denen sich das Gas gut sammeln kann. Natürlich sehen zu viele Bläschen auch nicht gut aus. (Was die oben erwähnten Connaisseurs dazu sagten, wenn Sekt besonders sprudelt, mag ich mir gar nicht vorstellen!) Daher können Sie das Glas nach dem Spülen auch auf den Kopf stellen, anstatt es abzutrocknen; so fließt das Spülwasser ab, und es bleiben besonders wenig Fasern und Dreck im Glas zurück. Es bleibt Ihnen überlassen, zwischen diesen beiden Extremen einen Mittelweg zu finden, der für viele, aber nicht zu viele Bläschen sorgt.

Wenn Sie genau hinschauen, erkennen Sie vielleicht, dass die Bläschen beim Aufsteigen wachsen und dass auch die Abstände zwischen ihnen größer werden. Das liegt daran, dass die Gasteilchen wie gesagt gern spontane Gelegenheiten nutzen, sich zu Bläschen zusammenzuschließen, und anstatt sich mühsam an Kratzern oder Geschirrtuchfitzelchen zu versammeln und zu hoffen, genug Gleichgesinnte zu treffen, um als Blase aufzusteigen, schließen sie sich auch gern Bläschen an, die es schon gibt. Auf ihrem Weg nach oben sammeln die Bläschen also weitere Gasteilchen ein und wachsen, und je mehr sie wachsen, desto mehr *Auftrieb* gewinnen sie, sie sausen mit jedem neuen Mitglied schneller nach oben – wie Heißluftballons, bei denen man den Gashahn aufdreht –, und das sehen wir von außen vor allem daran, dass die Abstände zwischen den Bläschen größer werden.

Ist Sekt elegant? Sekt gilt als ein elegantes Getränk, aber die Physik sieht das wahrscheinlich anders. Dass feine Bläschen aufsteigen, ist, rein physikalisch betrachtet, Ausdruck eines Makels: In einem perfekten, glatten Glas gäbe es keine Bläschen, weil das gelöste Kohlenstoffdioxid keine Stellen fände, um sich zu versammeln. Perlender Sekt ist ohne Störstellen kaum möglich. Das birgt ein gewisses Konfliktpotenzial in sich. Stellen Sie sich vor, Sie sitzen in einem vornehmen Restaurant, und der Kellner bringt Ihnen ein perfektes Glas Sekt, in dem Sie aber kein einziges Bläschen erkennen können; der Sekt liegt reglos da wie ein ruhender See. Dächten Sie dann: »Oh, wie edel!«? Höchstwahrscheinlich nicht! Bewegungsloser Sekt sieht für uns schal aus. Um der unglücklichen Tatsache, dass physikalische Perfektion abgestanden wirkt, entgegenzutreten, werden in hochwertige Sektgläser kleine Unebenheiten gekratzt oder gebrannt, an denen das gelöste Gas Bläschen bilden und aufsteigen kann. So eine absichtliche Störstelle nennt man (Achtung, Begriff zum Angeben!) *Moussierpunkt*.

Apropos Moussieren: Der Begriff stammt vom französischen mousse, Schaum, und wird vor allem im Zusammenhang mit Sekt verwendet. Wenn Sie besonders nobel auftreten wollen und sagen: »Das Mineralwasser moussiert«, wirkt das nicht vornehm, sondern affig beziehungsweise verrückt. Bei Mineralwasser, dem Sekt der einfachen Leute, spricht man lediglich von »sprudeln«.

Apropos Begriffe: Das, was im Sekt prickelt, ist keine Kohlensäure. *Kohlensäure* ist eine Säure (wie der Name schon sagt) und besitzt die Summenformel H_2CO_3; was im Sekt prickelt (und auch in Cola und Mineralwasser), ist hingegen das Gas *Kohlenstoffdioxid* mit der Formel CO_2. Umgangssprachlich hat es sich jedoch eingebürgert, das Gas Kohlensäure zu nennen, obwohl es keine ist.

So ganz falsch ist es allerdings nicht. Wenn Sie einen Blick dafür haben, haben Sie an der Summenformel vielleicht schon erkannt, dass ein Kohlensäure-Molekül (H_2CO_3) aus den gleichen Bausteinen besteht wie ein Kohlenstoffdioxid-Molekül (CO_2) und ein Wasser-Molekül (H_2O): zwei Mal Wasserstoff (H), ein Mal Kohlenstoff (C), drei Mal Sauerstoff (O). Tatsächlich verbindet sich ein bisschen Kohlenstoffdioxid mit Wasser zu Kohlensäure ($CO_2 + H_2O \Rightarrow H_2CO_3$), allerdings nur ein winziger Teil; das meiste Gas schwimmt im Wasser gelöst herum und fühlt sich nicht besonders motiviert zu reagieren.

Wo findet man das noch? Die Bläschenbildung im Sekt ist nicht der einzige physikalische Prozess, der Starthilfe braucht, auch Kristallen, etwa einem Salzkristall, hilft ein Anfangspunkt. Die Teilchen, aus denen sich ein Kristall zusammensetzt, sind oft in einer Flüssigkeit gelöst und müssen erst zusammenfinden. Natürlich kann man warten, bis die Flüssigkeit verdunstet und die zurückbleibenden Teilchen beginnen, einen Kristall zu bilden, aber es geht viel schneller, wenn man einen sogenannten *Kristallisationskeim* in die Flüssigkeit gibt, irgendetwas, an dem sich die Kristallteilchen anlagern können, zum Beispiel einen dünnen Faden oder ein Stückchen Kristall, das schon fertig ist.

Tanzende Sterne, stoischer Mond

Weshalb funkeln die Sterne, aber nicht der Mond?

Nachts ist unser Himmel atemberaubend schön. Das tiefe Schwarz der Unendlichkeit und das funkelnde Band der Sterne haben Menschen schon seit jeher in ihren Bann gezogen und angeregt – die einen zu Gedanken, Gedichten und Gemälden, die anderen zum Grübeln: Wieso funkeln die Sterne? Und warum funkelt nicht auch der Mond?

Das Experiment: Mit geringem Aufwand können Sie sich den Sternenhimmel zu Hause nachbauen, Sie benötigen lediglich einen Laserpointer (die Farbe ist egal), einen Föhn und eine Lupe. Die Liste an Zutaten ist übersichtlich und lässt Sie bereits ahnen, dass Ihr Sternenhimmel nicht ganz so atemberaubend werden wird wie das Original, aber er reicht aus, um herauszufinden, was die Sterne zum Funkeln bringt und warum es den Mond kaltlässt.

Verdunkeln Sie den Raum. Legen Sie den Laserpointer ein paar Schritte entfernt von einer Wand so ab, dass er nicht wackelt, zum Beispiel auf einen Tisch oder einen Stuhl. Richten Sie ihn auf die Wand und schalten Sie ihn ein. Wenn bis hierhin alles geklappt hat, sehen Sie einen Lichtpunkt auf der Wand. Schalten Sie nun auch den Föhn ein und schwenken Sie ihn vor dem Laserpointer hin und her, sodass der Luftstrom von der Seite gegen den Lichtstrahl brandet. Beobachten Sie, was der Lichtpunkt auf der Wand tut.

Halten Sie als Nächstes die Lupe vor den Laserpointer, etwa in einem Abstand von einer Handbreite bis zu einer Armlänge; probieren Sie ein bisschen herum, welche Entfernung optimal ist, sodass der Lichtpunkt auf der Wand zu einem regelrechten Fleck vergrößert wird. Schwenken Sie den Föhn nun vor der Lupe hin und her, wieder so, als wollten Sie den Lichtstrahl wegföhnen, und beobachten Sie, was mit dem Lichtfleck geschieht.

(Wenn Sie merken, dass Sie einen Arm zu wenig haben, um den Laserpointer zu bedienen, den Föhn zu schwenken und die Lupe zu halten, dann haben Sie bei diesem Experiment eine wichtige Einsicht in den Wissenschaftsbetrieb gewonnen: Für ein erfolgreiches Experiment braucht man in der Regel einen Adlatus, der sich um die Geräte kümmert und der nachher, wenn es um die Benennung des entdeckten Effekts geht oder es einen Nobelpreis gibt, traditionell übergangen wird.)

Was Sie sehen: Der Lichtpunkt an der Wand tanzt hin und her, wenn Sie mit dem Föhn vor dem Laserpointer herumwedeln. Wenn Sie jedoch eine Lupe in den Lichtstrahl stellen, verwandelt sich der kleine Punkt in einen großen Fleck und wird gegen den Föhn immun: Er wackelt kaum noch, wenn Sie den Föhn hin und her schwenken.

Was da vor sich geht: Sterne funkeln, weil ihr Licht die unruhige Erdatmosphäre passiert und dabei abgelenkt wird. Den Effekt haben Sie soeben mit Laserpointer und Föhn nachgestellt: Der Laserpointer war das Sternenlicht, der Föhn unsere Atmosphäre.

Fast alle leuchtenden Punkte, die wir am Nachthimmel sehen, sind *Sterne* wie unsere Sonne. Es sind gigantische, heiße Gasbälle, doch wir sehen sie bloß als winzige Punkte, weil sie so unfassbar weit von uns entfernt sind, Billionen und Trillionen von Kilometern. (Ich sagte doch »unfassbar weit«. Oder

können Sie sich vorstellen, wie viel eine Trillion Kilometer ist?) Das Licht reist diese gewaltigen Strecken ungestört durch das Weltall, doch auf den letzten paar Metern stolpert es, wenn es auf unsere *Atmosphäre* trifft, die Gashülle um die Erde (vom griechischen ατμός/atmós, Dampf, und σφαίρα/sfaíra, Kugel; Atmosphäre bedeutet demnach »Dampfkugel«). Sie ist in permanenter Bewegung: Luft strömt, steigt auf und sinkt ab, und diese wabernden Bewegungen lenken den Lichtstrahl immer wieder anders ab: Wird der winzige Lichtpunkt, den wir von dem weit entfernten, riesigen Stern noch sehen können, für den Bruchteil einer Sekunde von unserem Auge weggelenkt, tanzt, verblasst oder verschwindet er. Das sehen wir als Funkeln.

Der *Mond* ist allerdings kein Stern, keine gigantische Gaskugel weit draußen im Weltall, sondern ein kleiner Gesteinsbrocken und vor allem nur läppische 384.400 Kilometer entfernt. Mit dem Auto bräuchten Sie zwar 133 Tage für diese Strecke (Pausen zum Schlafen oder Tanken nicht mitgerechnet), aber in kosmischen Maßstäben ist das praktisch direkt vor der Haustür. Deshalb erscheint er uns so groß, obwohl er, verglichen mit einem Stern, geradezu winzig ist. Weil er uns so nah ist, dringt vom Mond mehr als nur ein dünner Lichtstrahl in unser Auge; wir sehen ihn als Scheibe, nicht bloß als Punkt. (Dazu brauchen wir im Experiment übrigens die Lupe: Sie weitet den feinen Laserstrahl zu einem breiten Bündel auf.) Die Atmosphäre macht natürlich für Lichtstrahlen vom Mond keine Ausnahme und wabert wie gehabt, aber der Mond ist für uns sozusagen aus so vielen einzelnen Punkten zusammengesetzt, dass es immer noch genug Lichtstrahlen gibt, die trotz allem in unser Auge fallen und uns den Mond zeigen, wie er als helle Scheibe stoisch am Himmel steht. Er ist einfach zu groß zum Tanzen.

Die Sterne funkeln also nicht – es sieht für uns bloß so aus, wenn wir sie durch unsere Atmosphäre hindurch betrachten. Für die Astronauten, die 400 Kilometer über uns auf der *Inter-*

nationalen Raumstation ihre Runden drehen, funkelt deshalb auch nichts: Sie haben so gut wie freie Sicht auf die Sterne und sehen sie als feste, starre Punkte. (Keine Romantik also für Astronauten? Das weiß ich nicht. Man müsste mal einen fragen, wie romantisch der Sternenhimmel im Weltall aussieht. Wir wissen nur, wie er von hier unten aus betrachtet aussieht, und wer weiß, vielleicht ist es das größte Geheimnis der bemannten Raumfahrt: dass bewegungslose Sterne unverhältnismäßig romantischer sind – und der Himmel von der Erde aus mit seinen funkelnden Punkten vergleichsweise öde!)

Zurück zur unromantischen Wissenschaft: Eben sagte ich, der Mond sei 384.400 Kilometer entfernt. Das ist nicht ganz präzise, aber da Sie wahrscheinlich niemals hinfahren werden, würden Sie das nicht bemerken, wenn ich es Ihnen nicht gerade auf die Nase bände. Die Entfernung zum Mond wird mit Lasern überwacht: Beim *Lunar Laser Ranging* werden *Laserstrahlen* von der Erde aus zum Mond geschickt und dort von *Reflektoren* zurückgeworfen. Im Wesentlichen sind es teure Spiegel, die Licht in die Richtung zurückwerfen, aus der es kommt – wie das »Katzenauge« an einem Fahrrad. Aus der Zeit, die das Laserlicht für den Weg Erde–Mond–Erde braucht, lässt sich auf wenige Zentimeter genau die Strecke bestimmen, die es zurückgelegt hat, und damit die Entfernung zwischen Erde und Mond. Allerdings gibt es »die« Entfernung nicht, denn die Bahn, die der Mond um die Erde dreht, ist kein perfekter Kreis, sondern eine *Ellipse*, das heißt, sie ist oval, und perfiderweise ändert sie auch noch andauernd ihre Form und ihre Lage. So ist der Mond mal näher und mal weiter entfernt, plus/minus etwa 50.000 Kilometer. Die Entfernung 384.400 Kilometer, die man oft liest, ist ein errechneter Mittelwert. Der erste Reflektor, der Licht zur Erde zurückwerfen sollte, wurde übrigens 1969 von Neil Armstrong und Buzz Aldrin auf dem Mond aufgestellt (während Michael Collins einen nicht ganz so schillernden Anteil an dem berühmten Weltraumabenteuer hatte: Er hat im Raumschiff gewartet).

Wo findet man das noch? Was Liebespaare romantisch finden, ärgert Astrophysiker. Wenn sie den Himmel untersuchen, sorgt die wabernde Atmosphäre dafür, dass die Sterne tanzen und Teleskopfotos dadurch verschmieren. Astrophysiker stellen ihre Teleskope deshalb dort auf, wo es besonders wenig flirrende Luft gibt, die die Aufnahmen stört: auf hohen Bergen oder, besser noch, im Weltall. Beim berühmten *Hubble-Weltraumteleskop* war allerdings der Hauptspiegel falsch geschliffen worden, außerdem wurde in der Qualitätssicherung geschlampt, sodass der Fehler erst auffiel, als das Teleskop bereits hoch oben im All war. Dort störte zwar keine Luft, aber die Fotos waren trotzdem unbrauchbar; das teure Teleskop war ein Reinfall. Man konnte es allerdings reparieren. Kleine Hilfsspiegel biegen das Licht im Teleskop nun so um, dass der Fehler des Hauptspiegels wieder ausgeglichen wird. Seitdem funktioniert Hubble, wie es soll, und liefert großartige Bilder aus den Tiefen unseres Universums. Bei Teleskopen, die auf der Erde stehen, versuchen Astronomen, die Bildstörungen, die durch die wabernde Luft entstehen, auf eine ähnliche Weise auszugleichen wie im Hubble-Weltraumteleskop. Da jedoch die Atmosphäre in ständiger, turbulenter Bewegung ist, ist eine sogenannte *adaptive Optik* wesentlich komplizierter als ein festes System aus Korrekturspiegeln: Mehrere Hundert Mal pro Sekunde wird ein flexibler Spiegel bewegt, um den Tanz der Luft auszugleichen.

Geheime Wärme im Eis

Warum kühlen Eiswürfel so gut?

Wasser ist für das Leben auf der Erde von essenzieller Bedeutung, außerdem können wir aus ihm Eiswürfel herstellen, um Getränke zu kühlen. Das klingt banal, aber das ist es nicht! Denn dass sich Eiswürfel zum Kühlen eignen, ist nicht selbstverständlich, sondern liegt an einer kuriosen Eigenschaft des Wassers.

Das Experiment: Füllen Sie zwei Gläser halb voll mit einem Getränk Ihrer Wahl (ich empfehle Getränke ohne Kohlensäure, hier macht das Austrinken nach Beenden des Experiments in der Regel etwas mehr Spaß) und lassen Sie sie so lange stehen, bis die Getränke Raumtemperatur angenommen haben. Geben Sie nun in das eine Glas eine Handvoll 0 Grad Celsius kalter Eiswürfel und in das andere Glas die gleiche Menge 0 Grad Celsius kaltes Wasser.

(Aus Sicht des Theoretikers am Schreibtisch ist leicht gesagt »0 Grad Celsius kalte Eiswürfel« und »0 Grad Celsius kaltes Wasser«. Für den Praktiker in der heimischen Küche stellt sich jedoch die Frage: Wie bekommt man das denn? 0 Grad kaltes Wasser kommt schließlich nicht aus dem Hahn, Eiswürfel ebenfalls nicht. 0 Grad kaltes Wasser ist Wasser, das kurz vor dem Gefrieren steht oder gerade eben aufgetaut und vollständig geschmolzen ist. Bei den Eiswürfeln ist es etwas schwieriger, aber da es hier nicht um exakte wissenschaftliche Messungen geht, sondern um ein veranschaulichendes Experiment, reicht es, wenn die Eiswürfel nur ungefähr 0 Grad haben. Das haben sie, wenn sie leicht angetaut sind. Auf ein paar Grad kommt es hier nicht an. Für die Perfektionisten unter Ihnen geht es natürlich genauer, sogar in der heimischen Küche. Holen Sie die Eiswürfel aus dem Tiefkühlfach, geben Sie sie in eine Schüssel und warten Sie, bis etwas mehr als die halbe Menge geschmolzen ist. Sowohl das Schmelzwasser als auch die verbleibenden Eiswürfel haben dann ziemlich genau eine Temperatur von 0 Grad Celsius. Nehmen Sie die Eiswürfel heraus und messen Sie vom Schmelzwasser die gleiche Menge ab. Diese beiden Portionen – Eiswürfel und Schmelzwasser – geben Sie dann in die zwei Gläser.)

Warten Sie, bis die Eiswürfel komplett geschmolzen sind, und probieren Sie die beiden Getränke.

Was Sie merken: Das Getränk, das Sie mit Eiswürfeln gekühlt haben, ist – wie zu erwarten – kühl. Das Getränk, in das Sie kaltes Wasser gegossen haben, ist jedoch lauwarm. Um das festzustellen, hätten Sie die Getränke natürlich nicht probieren müssen – die Temperatur mit der Hand zu fühlen hätte auch gereicht –, aber das Experiment mit verschiedenen Sinnen zu erleben ist eindrucksvoller, erst recht, wenn Sie meine obige Warnung ignoriert und für das Experiment Cola gewählt haben, die warm und ohne Kohlenstoffdioxid besonders unerquicklich schmeckt.

Das Experiment zeigt Ihnen: Eiswürfel kühlen ein Getränk nicht bloß dadurch, dass sie kalt sind. Das kalte Wasser hatte schließlich die gleiche Temperatur, hat das Getränk jedoch wesentlich schlechter gekühlt. Die Eiswürfel benutzen offenbar einen geheimen Trick.

Was hier vor sich geht: *Eis* ist gefrorenes *Wasser*. Dass wir es zum Kühlen gern in unsere Getränke geben, hat einige klar auf der Hand liegende Gründe: Wasser ist fast überall vorhanden, es ist billig, es ist geschmacksneutral, es lässt sich im Gefrierfach leicht in Eiswürfel verwandeln, und es ist gut verträglich. Andere Stoffe bieten diese breite Palette an Vorteilen nicht, was wahrscheinlich der Grund ist, warum wir Getränke nicht mit Quecksilberwürfeln (giftig), mit Goldwürfeln (teuer) oder mit Sauerstoffwürfeln (gefrieren erst bei −218 Grad Celsius) kühlen. Doch gefrorenes Wasser besitzt noch eine weitere Eigenschaft, die uns besonders gelegen kommt: Es schmilzt nicht gern.

Ein Eiswürfel ist ein *Kristall*: Die Wasserteilchen in ihm sind in einem starren Gitter angeordnet und halten fest zusammen, weil sie sich gegenseitig anziehen. Das Gitter aufzulösen, das heißt, diese Anziehungskräfte zu überwinden, kostet *Energie*, und zwar mehr, als man denkt.

Das merken Sie, wenn Sie Eis auftauen. Wenn es aus dem Gefrierschrank kommt, hat es etwa −16 Grad, je nach Einstellung mehr oder weniger. Mit jedem bisschen Wärme, das von außen eindringt, wird das Eis wärmer, jedoch macht es bei 0 Grad plötzlich halt. Auch wenn Sie das Eis weiterhin erwärmen, wird es jetzt nicht wärmer, sondern bleibt eigenartigerweise 0 Grad kalt. Schuld ist ein interner Umbau: Die eingehende Wärme, eine Form von Energie, wird nun nicht mehr benutzt, um die Temperatur zu erhöhen, sondern erst einmal, um die feste Struktur des Eiskristalls zu lösen, das heißt, um das Eis zu schmelzen, und das ist mühsam. Das gefrorene Wasser verharrt also eine ganze Weile bei seiner *Schmelztemperatur* und schluckt Wärme, ohne wärmer zu werden. Erst wenn das Wasser flüssig ist, kann die Wärme es weiter aufwärmen. (Deshalb sollten Sie für das Experiment mindestens leicht angetaute Eiswürfel verwenden: Der interne Umbau, der bei 0 Grad stattfindet, ist hier offensichtlich gerade erst abgeschlossen.)

Die Menge an Wärme, die man beim Schmelzen in einen Stoff hineinstecken kann, ohne dass sich seine Temperatur erhöht, nennt man *latente Wärme*. Der Begriff stammt vom lateinischen »latens«, was das Gleiche bedeutet wie das deutsche »latent«, also verborgen, und soll ausdrücken: Die Wärme steckt im Stoff, ist aber verborgen vor dem Thermometer, das die ganze Zeit den gleichen Wert anzeigt. Die latente Wärme ist also keine *fühlbare Wärme*, sondern eine gewissermaßen geheime, unsichtbar im Stoff gespeicherte Wärme.

Bei gefrorenem Wasser ist die latente Wärme enorm: Mit der gleichen Menge Wärme, die man einem 0 Grad Celsius kalten Eiswürfel zuführen muss, damit er schmilzt, könnte man flüssiges Wasser von 0 auf 80 Grad Celsius erhitzen. Schmelzen ist ein kostspieliger Vorgang! Ein Eiswürfel nimmt sich die nötige Energie dazu aus seiner Umgebung: Er entzieht sie dem Getränk, in dem er schwimmt. Mit anderen Worten: Der Cocktail wird kühler, weil er seine Wärme an das Eis spendet, das Hilfe beim Schmelzen braucht. 0 Grad kaltes Wasser kühlt den Cocktail dagegen nicht so gut, weil es schon flüssig ist und keine Extra-Wärme zum Schmelzen braucht.

Wir müssen fair bleiben! Eben habe ich Stoffe aufgezählt, die sich als gefrorene Würfel zum Getränkekühlen eher weniger eignen, weil sie zum Beispiel giftig sind oder erst in einem äußerst unhandlichen Temperaturbereich gefrieren. Der Gerechtigkeit halber muss ich aber einräumen, dass latente Wärme kein Spezialtrick von Wasser ist. Sie tritt auch bei anderen Stoffen auf. Schließlich kostet es ja nicht nur Wasser Energie, seinen festen Zustand aufzulösen und in einen flüssigen Zustand zu ändern. Trotzdem ist Wasser etwas Besonderes, denn bei Wasser ist diese versteckte *Schmelzwärme* besonders hoch: Sie ist rund 28-mal so hoch wie die von Quecksilber, etwa 5-mal so hoch wie die von Gold und rund 24-mal so hoch wie die von Sauerstoff. Quecksilber, Gold und Sauerstoff fressen also wesentlich weniger Energie als Wasser, wenn sie schmelzen. Die Schmelzwärme von Eisen hingegen ist ähnlich der von Wasser, die von Aluminium ist sogar noch höher. Doch zurück

zum Cocktail! Wir sehen: Alles in allem sind die Vorteile, die Wasser im Kühlwürfel-Wettbewerb auffährt, unschlagbar.

Wo findet man das noch? Der gleiche Effekt, der den Cocktail kühlt, schützt auch Pflanzen. Genauso, wie ein Eiswürfel Wärme aufnimmt, während er schmilzt, gibt flüssiges Wasser andersherum Wärme ab, wenn es gefriert. Das nutzen Obstbauern: Wenn Frost droht, besprühen sie ihre Obstbäume mit Wasser. Das klingt idiotisch und trägt sicher nicht dazu bei, das oft unzutreffende Klischee des schulisch wenig gebildeten Landwirts zu korrigieren, denn das Wasser gefriert und überzieht die Obstbäume mit einer Eisschicht. Die Außendarstellung ist nicht gerade vorteilhaft, doch die Landwirte wissen genau, was sie da tun, denn sie kennen sich besser mit Physik aus, als es scheint: Beim Einfrieren gibt das Wasser Wärme ab, sodass die Temperatur unter der Eisschicht nicht mehr tief unter den Nullpunkt fällt und der Obstbaum von Frost verschont bleibt. Gefrorenes Wasser auf dem Baum ist besser, als es aussieht.

Wo findet man das noch? Es mag auf den ersten Blick grotesk erscheinen, aber die Eiswürfel in einem Cocktail und unser Klima haben etwas gemeinsam: Der gleiche physikalische Effekt, der den Cocktail kühlt, heizt auch die Atmosphäre unseres Planeten. Auf den zweiten Blick ist der Zusammenhang aber gar nicht so verwunderlich, denn Wasser ist auf der Erde eben allgegenwärtig, und warum sollte es sich ausgerechnet in einem Cocktailglas anders verhalten als in der Atmosphäre? Wasser verhält sich immer gleich. Der Trick der Eiswürfel ist latente Wärme, aber sie zeigt sich nicht nur beim Schmelzen, also beim *Phasenübergang* von fest zu flüssig, sondern auch beim Verdampfen, dem Phasenübergang von flüssig zu gasförmig. Das macht sich beim Klima bemerkbar: Wenn Sonnenstrahlen Wasser erwärmen und schließlich verdampfen, ändert das Wasser dabei seine Temperatur erst einmal nicht, sondern schluckt Wärme und speichert sie in seiner neuen Gestalt – wie auch beim Schmelzen. Wenn das Wasser nun als Dampf aufsteigt und in der Höhe wieder zu Tröpfchen *kondensiert*, das heißt, wenn es wieder flüssig wird, gibt es diese latente Wärme wieder ab. Das heizt die Atmosphäre auf. Ist das nicht bemerkenswert? Die Atmosphäre erwärmt sich durch Sonnenwärme am Boden, die, verpackt als latente Wärme, in die Höhe transportiert wurde!

Seltsames Wasser! Wasser ist ein erstaunliches Element mit kuriosen Eigenschaften. Eine haben Sie gerade kennengelernt: Beim Schmelzen braucht es unheimlich viel Energie. Eine andere wäre Ihnen auch fast über den Weg gelaufen. Aber ich vermute, dass Sie bei Ihrem Experiment intuitiv alles richtig gemacht haben und meine saloppe Formulierung, Sie sollten »die gleiche Menge« einfüllen, als »eine Menge gleichen Gewichts« interpretiert haben, also in die Gläser eine Menge Eis und eine Menge Wasser von jeweils derselben *Masse* gegeben haben. Oder? Das ist nicht selbstverständlich, denn man könnte auch auf die Idee kommen, mit einem Messbecher oder einer Tasse das gleiche *Volumen* abzumessen, so ähnlich wie man die Zutaten bei einem Tassenkuchen dosiert. Zum Glück verhindert die messbecherunfreundliche Form der Eiswürfel diese Idee in der Praxis, denn sie ist genau genommen ein Fehler. Für unser ungenaues Experiment ist es aber egal, und so dürfen wir hier elegant unter den Tisch fallen lassen, dass »die gleiche Menge« bei Eis und Wasser nicht »das gleiche Volumen« bedeutet, mit anderen Worten: Zwei gleich große Portionen Eis und Wasser wiegen nicht gleich viel. Auch dahinter verbirgt sich eine wunderliche Eigenschaft. Ich komme im Kapitel »Waben im Wasser« darauf zurück.

Filzstifte mit Disco-Effekt

Wie leuchtet ein Textmarker?

Ich lehne mich wahrscheinlich nicht allzu weit aus dem Fenster, wenn ich, ohne es etymologisch recherchiert zu haben, behaupte: Ein Textmarker heißt Textmarker, weil man mit ihm gut Text markieren kann. Dafür sorgt ein physikalischer Trick, der die Farbe prächtiger dastehen lässt als die gewöhnlicher Filzstifte: Ein Textmarker verwandelt unsichtbares Licht in sichtbares.

Das Experiment: Malen Sie mit einem Textmarker einen Strich auf ein weißes Blatt Papier, auf ein schwarzes Blatt Papier (oder Bastelkarton, wenn Sie kein schwarzes Papier zur Hand haben und auch keines besorgen wollen, was ich verstehen kann, denn die Einsatzmöglichkeiten scheinen mir beschränkt), und malen Sie auch einen Strich auf Ihre Hand. Wenn in Ihnen das Herz des Wissenschaftlers schlägt, probieren Sie verschiedene Farben und Hersteller aus. Vergleichen Sie die Striche.

Halten Sie die drei Proben anschließend unter eine Schwarzlichtlampe. Wenn Sie keine besitzen und das Herz des Wissenschaftlers in Ihnen nun doch nicht so stark schlägt, dass Sie extra dafür eine kaufen wollen (obwohl ein billiges Modell nur rund 20 € kostet, was für wissenschaftliche Erkenntnis eine vertretbare Investition ist, erst recht, da sie auch noch als Zubehör für den Partykeller genutzt werden kann, was man nicht von jedem Laborzubehör behaupten kann), dann gehen Sie in eine Disco, in der die Tanzfläche mit Schwarzlicht beleuchtet ist (ich übernehme allerdings keine Haftung für Imageschäden, wenn Sie mit angemalten Händen auf der Tanzfläche Papierschnipsel untersuchen).

Was Sie sehen: Auf weißem Papier hat der Textmarker eine helle, leuchtende Farbe (wie man es von einem Textmarker halt kennt; bis hierhin ist der Versuch nur mäßig spektakulär). Auf der Hand sehen die Striche eher aus wie die von einem gewöhnlichen Filzstift: farbig, aber nicht besonders strahlend. Auf schwarzem Untergrund schließlich sind sie kaum noch zu erkennen.

Wenn Sie sie aber unter Schwarzlicht betrachten, zeigen sich die Farben von ihrer besten Seite und leuchten intensiv. Vor allem auf Ihrer Haut und dem schwarzen Papier ist der Unterschied zu Tageslicht enorm: Die Striche strahlen eindrucksvoll.

Was hier vor sich geht: Das krasse Leuchten entsteht, weil der Textmarker *Schwarzlicht* schluckt. »Schwarzlicht« klingt so bizarr wie unsinnig, aber der umgangssprachliche Name trifft das physikalische Wesen ganz gut: Schwarzlicht ist *elektromagnetische Strahlung*, genau wie Licht, allerdings hat es eine Farbe, die wir nicht sehen können, *Ultraviolett* (UV). Im Regenbogen müsste man sie ganz unten malen – nach Rot, Orange, Gelb, Grün, Blau und Violett –, das sagt schon der Name: Das lateinische Wort ultra bedeutet »darüber hinaus«, ultraviolett ist also »hinter violett« oder »mehr als violett«. Der Name Schwarzlicht ist trotzdem Unsinn, weil wir *Licht* gerade diejenige elektromagnetische Strahlung nennen, die wir sehen können, und was wir nicht sehen können, ist demnach auch kein Licht. Zu Funkwellen sagen Sie ja auch Funkwellen und nicht »Funk-Licht« (außer Sie fallen gern als spleeniger Kauz auf; es würde zu dem genannten Auftritt in der Disco passen). Aber weil ultraviolette elektromagnetische Strahlung direkt an der Grenze liegt und nur so gerade eben nicht mehr sichtbar ist, kann man diese Ungenauigkeit verzeihen und sie vielleicht trotzdem noch Licht nennen.

Die Textmarker-Farbe enthält besondere Moleküle, die just aus ultraviolettem Licht *Energie* aufnehmen. Sie geben sie zügig wieder ab, ebenfalls in Form von Licht, dann aber im sichtbaren Bereich, sie verwandeln sozusagen unsichtbares Licht in sichtbares. Wenn man ihnen mit einer Schwarzlichtlampe besonders viel UV-Licht vorsetzt, geben sie auch besonders viel sichtbares Licht wieder ab, sie leuchten dann besonders intensiv. Ein bisschen UV-Licht ist auch in unserem gewöhnlichen *Sonnenlicht* enthalten, und so strahlen Textmarker nicht nur unter einer UV-Lampe, sondern eben auch schon bei normalem Licht im Büro, zumindest auf weißem Papier. Schwarzes Papier schluckt von sich aus bereits viel Licht (sonst wäre es nicht schwarz), und unsere Haut ist ebenfalls nicht strahlend weiß, außerdem ist sie uneben und nimmt zum Teil auch Farbe auf – hier strahlt der Textmarker erst sichtbar zurück, wenn er eine Extradosis UV-Licht bekommt.

Noch einmal zurück zum Regenbogen: Vielleicht fragen Sie sich die ganze Zeit, warum ultraviolettes Licht, das dem Namen nach über Violett hinausgeht, im Regenbogen unter Violett gemalt werden müsste. Das liegt daran, dass der Regenbogen kein Latein kann und nicht weiß, wie wir ultraviolettes Licht benannt haben. Er sortiert Licht nach *Wellenlänge*: die kleinen Wellenlängen innen, die großen außen. Die Bezeichnung »ultraviolett« bezieht sich aber nicht auf die Wellenlänge, sondern die *Frequenz*, also nicht wie lang die Welle ist, sondern wie oft die Welle in einer bestimmten Zeit schwingt, und ultraviolettes Licht hat eine höhere Frequenz als violettes, mit anderen Worten: Die Frequenz geht über die von violettem Licht hinaus. Das klingt verwirrend, aber man kann sich den

Zusammenhang von Frequenz und Wellenlänge bei Licht bildlich vorstellen: Licht mit großen Wellenlängen schwingt langsam und schwerfällig, es hat eine kleine Frequenz. Licht mit kleinen Wellenlängen schwingt schnell und agil, es hat eine hohe Frequenz.

Wo findet man das noch? Dass Stoffe auf Licht reagieren und leuchten, die sogenannte *Photolumineszenz*, nutzt man nicht nur bei Textmarkern, sondern auch bei den Euro-Geldscheinen: Zum Schutz vor Fälschungen enthalten sie bestimmte Fasern, die erst unter UV-Licht leuchten. Wenn Sie einen Geldschein unter Schwarzlicht halten, sehen Sie ihn bunt strahlen: Die Flagge der Europäischen Union grün, die Sterne orange, die Landkarte gelb – faszinierend und schön. (Und im Gegensatz zu leuchtenden Flecken auf den Händen oder dem Erforschen bemalter Papierschnipsel scheint es mir unverfänglich, in der Disco ein paar Geldscheine herauszuholen; je nach Wert und Anzahl könnte es sich sogar positiv auf Ihr Image auswirken.)

Apropos Fachwort: Vielleicht ist Ihnen bei diesem Versuch ein Wort in den Sinn gekommen, das Sie bisher in diesem Text vermissen, und nun fragen Sie sich, ob Sie falschliegen, und sagen lieber nichts: fluoreszieren. Sie können beruhigt sein, es handelt sich bei den leuchtenden Textmarker-Farben tatsächlich um *Fluoreszenz*. Aber der Reihe nach: Wissenschaftler bezeichnen mit *Lumineszenz* (von lateinisch lumen, Licht) jede Art von Leuchten, das entsteht, wenn ein Stoff Energie bekommt und als Licht wieder abgibt; damit sind Sie auf der sicheren Seite. Je nachdem, wie lange der Stoff leuchtet, spricht man von Fluoreszenz oder Phosphoreszenz: *Fluoreszenz* ist es, wenn der Stoff praktisch sofort wieder aufhört zu leuchten, sobald die Anregung stoppt. Geldscheine leuchten nicht mehr, wenn man das UV-Licht ausschaltet, deshalb sagt man, sie fluoreszieren. *Phosphoreszenz* bezeichnet hingegen ein längeres Nachleuchten. Leuchtet das Ziffernblatt Ihrer Armbanduhr im Dunkeln, handelt es sich um Phosphoreszenz, denn das Ziffernblatt leuchtet noch einige Zeit, nachdem es im Tageslicht Energie getankt hat. Es wäre nicht sonderlich praktisch, wenn die Ziffern nur fluoreszieren, denn dann leuchteten sie im Dunkeln nur so lange, wie sie Energie bekommen, man müsste sie im Dunkeln also zum Beispiel mit Tageslicht oder Schwarzlicht bestrahlen. Der imposante Begriff *Photolumineszenz*, den ich eben beim Textmarker genannt habe, präzisiert lediglich, wodurch der Stoff zum Leuchten angeregt wird, nämlich durch Licht, vom altgriechischen φως (phos, Licht), dem man es nicht so gut ansieht wie seiner Genitiv-Form φωτός (photós).

Das perfekte Fachwort, das sowohl die Ursache des Leuchtens als auch die Dauer angibt, wäre also Photofluoreszenz, also ein durch Licht angeregtes, kurzzeitiges Leuchten, aber das habe ich in der Physik oder Chemie noch nie gehört. Naturwissenschaftler sind eben keine Sprachakrobaten und wahrscheinlich damit zufrieden, wenn sie ein Fachwort gelernt haben, das einigermaßen passt und von den Kollegen verstanden wird. (Allerdings scheint das Wort Photofluoreszenz in der Medizin benutzt zu werden, wenn Gewebe mit Textmarkerähnlichen Substanzen eingefärbt wird, die unter bestimmter Lichtbestrahlung sichtbar werden, doch da fragen Sie besser einen Arzt.)

Anfangs habe ich gemutmaßt, warum ein Textmarker Textmarker heißt. Angeblich nennt man einen Textmarker auch Markierstift oder Leuchtstift, aber ich habe das Gefühl, dass diese Begriffe eher aus der Anfangszeit der Textmarker stammen, aus den 1970er-Jahren, als der deutsche Unternehmer Günter Schwanhäußer, Geschäftsführer bei Schwan-Stabilo, einen der ersten Textmarker auf den Markt brachte – aus einer Zeit, in der englische Namen noch nicht so häufig benutzt wurden, um Modernität zu suggerieren, und in der man das Wort »Markierstift« wahrscheinlich auch noch als gelungenes Teekesselchen für einen simulierenden Lehrling durchgehen lassen konnte. Ich bin dafür, den coolen wissenschaftlichen Namen »Photolumineszenz-Stift« zu benutzen, befürchte aber, dass Sie damit im Schreibwarenladen Probleme bekommen könnten.

Wasser steht Kopf

Wie kann man Wasser schweben lassen?

Unsere Luft fristet ein trauriges Dasein: Fast niemand bemerkt, wie stark sie ist. Sie ist wirklich dünn – von allen Materialien, die uns im Leben begegnen, ist Luft sogar mit Abstand am dünnsten –, aber man übersieht leicht, dass uns ungeheuer viel von ihr umgibt, und in diesen Massen ist Luft geradezu gewaltig. Dass man Luft nicht sieht, mag daran liegen, dass sie unsichtbar ist, aber manchmal verrät sie ihre Anwesenheit doch und zeigt uns ihre enorme Kraft.

Das Experiment: Sie benötigen ein Glas, eine Postkarte und einen Lappen. Halten Sie das Glas unter fließendes Wasser, bis es überläuft. (Für das Gelingen des Experiments ist es essenziell, dass das Glas komplett gefüllt ist; das stellen Sie sicher, indem Sie einfach so viel Wasser einfüllen, dass es über den Rand läuft.) Verschließen Sie das Glas, indem Sie die Postkarte auf die Öffnung legen. Halten Sie die Postkarte fest und drehen Sie das Glas samt Postkarte auf den Kopf. Seien Sie nun mutig und lassen Sie die Karte los. (Das Glas sollten Sie allerdings weiterhin festhalten.)

Was Sie sehen: Man erwartet, dass das Wasser auf den Boden klatscht, aber genau das geschieht nicht. Die Postkarte klebt auf wundersame Weise unter dem Glas und verschließt es. Es sieht grotesk aus, das Glas scheint die Naturgesetze regelrecht zu verhöhnen: Es steht Kopf, verliert aber keinen einzigen Tropfen.

Was hier vor sich geht: Das, was das Wasser im Glas hält, ist der *Luftdruck*. Er ist kräftiger, als man denkt. Luftdruck entsteht, weil die Luft, die uns umgibt, etwas wiegt. Wir sehen und spüren sie zwar nicht, aber über unseren Köpfen schichten sich gewaltige Luftmassen auf: Unsere *Atmosphäre*, die Luftschicht um die Erde, ist etwa 100 Kilometer dick, und sie enthält rund 5 Trillionen Kilogramm Luft (eine 5 mit 18 Nullen), das meiste davon innerhalb der ersten paar Kilometer über dem Boden. Das ist eine unvorstellbare Menge, aber man kann grob überschlagen, wie viel davon Sie und mich persönlich betrifft: Unsere Erde besitzt eine *Oberfläche* von rund 500 Millionen Quadratkilometern; wenn wir das Gewicht der Atmosphäre durch diesen Wert teilen, erhalten wir nach ein bisschen Umrechnen das Gewicht der Luft, die sich über jedem einzelnen Quadratmeter der Erde auftürmt: Es sind etwa 10.000 Kilogramm.

Dieser enorme Druck entsteht durch *Schwerkraft*, die Luft wird praktisch von ihrem eigenen Gewicht zusammengedrückt, weshalb man auch von *Gravitationsdruck*, *Schweredruck* oder – ganz wissenschaftlich – von *hydrostatischem Druck* spricht.

Das umgedrehte Wasserglas zeigt eindrucksvoll, dass der hydrostatische Druck der Luft, unser Luftdruck, höher ist, als wir denken. Tatsächlich ist er sogar wesentlich höher: Die Luft könnte nur durch ihren Druck von unten das Wasser auch dann noch im umgedrehten Glas halten, wenn es zehn Meter hoch und komplett gefüllt wäre. (Das wäre als Experiment aber etwas unhandlich, außerdem bezweifele ich, dass Sie ein zehn Meter hohes Glas im Schrank haben und es ruhig halten können.) Verwirrenderweise spüren wir nichts von diesem unheimlich hohen Druck, obwohl wir ihm täglich ausgesetzt sind, aber genau darin liegt der Grund: Luft umgibt uns immer und von allen Seiten – sie drückt gleichzeitig von vorn, von hinten, von links, von rechts, von oben, von unten –, sodass wir keinen Stoß aus einer bestimmten Richtung spüren, sondern von allen Seiten gleich stark belastet werden. Weil sie uns rund um die Uhr und von allen Seiten umgibt, merken wir nichts von der gewaltigen Kraft der Luft und staunen, wenn sie Wasser in einem Glas festhält.

Wozu brauche ich die Postkarte? In meinen Ausführungen habe ich bisher kein Wort über die Postkarte verloren, und tatsächlich ist sie, rein theoretisch, für das Experiment nicht nötig, denn es ist allein der Druck der Luft, der das Wasser im umgedrehten Glas festhält. Allerdings ist es ohne die Postkarte unmöglich, das Wasserglas umzudrehen, ohne es auszugießen. Und selbst nach dem Umdrehen kann man die Karte nicht weglegen, weil die Luft, die von unten drückt, eine glatte, gleichmäßige Angriffsfläche braucht, um das Wasser festzuhalten, und Wasser ist nun nicht gerade dafür bekannt, eben und fest zu sein, sondern eher für seine flüssige Schlüpfrigkeit. Ohne Postkarte entstünden in der unteren Wasserhaut Wölbungen, die sich schnell in Blasen verwandeln, aufsteigen und das Glas ausleeren würden.

Wozu brauche ich den Lappen? Wenn Sie sich das noch fragen, haben Sie entweder das Glas inzwischen wieder umgedreht, oder Ihr Experiment läuft noch. Wenn es noch läuft, warten Sie einfach ab – die Physik wird Ihnen in Kürze zeigen, wozu Sie einen Lappen bereithalten sollten.

Das Wasser bleibt nämlich nicht für immer im Kopfstand, sondern fällt nach einer Weile auf den Boden. Grund dafür ist nicht etwa, dass der Luftdruck versagt, sondern dass sich Luft in das Glas mogelt. Mit der Zeit wird die Postkarte nass und wellt sich, sodass sie das Glas nicht mehr perfekt verschließt, und sobald auch nur ein winziges Tröpfchen Wasser ausläuft, drängt sich Luft in das Glas, steigt nach oben und ruiniert damit das Experiment. Eine grundlegende Voraussetzung, um das Wasser überhaupt in einen Kopfstand zwingen zu können, ist nämlich, dass das Glas luftleer ist; das haben wir erreicht, indem wir es komplett mit Wasser gefüllt haben. Gelangt jedoch Luft ins Glas, steigt sie auf und drückt von oben – und zwar mit dem üblichen Druck der Luft, dem ganz normalen Luftdruck –, und das Wasser lässt sich von dem Luftdruck, der von unten drückt, nicht mehr beeindrucken, sondern gibt sich voll und ganz der Schwerkraft hin.

Wenn Sie es etwas wissenschaftlicher mögen: Eben habe ich überschlagen, dass auf einem Quadratmeter Erdboden etwa 10.000 Kilogramm Luft lasten. Wissenschaftler würden die Stärke des Luftdrucks allerdings eher in einer anderen Form angeben: Wenn sie von *Druck* sprechen, meinen sie damit, wie viel *Kraft* auf eine *Fläche* wirkt. Damit sie verschiedene Werte vergleichen können, ohne jedes Mal abartig viel umrechnen zu müssen (und sich dabei zu vertun), haben sie sich darauf geeinigt, möglichst die gleichen Einheiten zu benutzen. Für Kräfte ist es die Einheit *Newton* (ein Newton ist etwa die Kraft, mit der eine normale Tafel Schokolade zu Boden fallen möchte), und für Flächen ist es die Einheit *Quadratmeter* (das sollten Sie sich vorstellen können, aber falls nicht: Es ist etwa die halbe Fläche eines Schreibtisches); für Drücke, Kraft pro Fläche, ist die Standard-Einheit also *Newton pro Quadratmeter*, allerdings hat man für diesen Ausdruck den etwas handlicheren Namen *Pascal* ausgewählt. Der Druck, den rund 10.000 Kilogramm Luft auf einen Quadratmeter ausüben, sprich: der Luftdruck, beträgt also etwa 100.000 Pascal, mit anderen Worten: Die Luft über Ihnen sorgt für einen Druck von etwa 100.000 Tafeln Schokolade pro Quadratmeter.

Natürlich kann man den Luftdruck nicht nur grob überschlagen, sondern exakt messen, und dann stellt man fest, dass

10000 m²

er von Ort zu Ort verschieden ist. Vor allem ist er auf Bergen geringer als im Tal (was Sie nicht überraschen sollte, da sich in der Höhe weniger Luft über Ihnen befindet, die von oben drückt). Aber selbst an zwei Orten, die exakt gleich hoch liegen, kann der Luftdruck unterschiedlich sein, und er variiert sogar an Ort und Stelle. Im Mittel erhält man einen Wert von 101.325 Pascal. Diesen schön krummen Wert haben Naturwissenschaftler deshalb international als Standard definiert, es ist die *Standardatmosphäre* oder auch *Normatmosphäre* (zu der, genau genommen, allerdings noch ein paar andere Umweltbedingungen wie Temperatur, Feuchtigkeit und Dichte gehören).

Vielleicht wundern Sie sich über die Einheit? Dass man Druck in der Einheit Pascal misst, kennt man aus dem Alltag in der Tat nicht – hier benutzt man die Einheit *Bar*, zum Beispiel wenn man den Druck im Autoreifen angibt. Vielleicht geistern in Ihrem Kopf auch noch die Begriffe *Hektopascal* und *Millibar* herum. Keine Sorge, nichts davon ist falsch, all das sind Einheiten für Drücke, die man ineinander umrechnen kann.

Die einfachsten sind Hektopascal und Millibar. Die vorangestellten Silben, die sogenannten *Präfixe*, geben lediglich Vielfache der jeweiligen Einheit an: *Milli* bedeutet Tausendstel, *Hekto* bedeutet Hundertfaches. 1 Millibar und 1 Hektopascal sind also 1/1000 Bar bzw. 100 Pascal, und praktischerweise sind sie auch noch gleich viel.

Intimes Nebenexperiment – nur Sie und Ihr Taschenrechner: Nun können Sie schnell berechnen, wie viel Pascal ein Bar sind: 1 Bar sind 1000 Millibar, also 1000 Hektopascal und damit 100.000 Pascal. Ein Bar ist also in etwa unser Atmosphärendruck. Praktisch, oder? (Sie haben überhaupt keinen Taschenrechner gebraucht? Das will ich doch meinen!)

Vielleicht wundern Sie sich über den Fachbegriff? Eben habe ich geschrieben, dass man beim Luftdruck von *Gravitationsdruck*, *Schweredruck* oder *hydrostatischem Druck* spricht. Wenn Sie diese Wörter nicht einfach nur als seltsame Fachwörter hinnehmen, sondern hinterfragen, was sie aussagen, sollten Sie bei »Gravitationsdruck« und »Schweredruck« nicht lange rätseln müssen, beide Begriffe sind selbsterklärend: Luftdruck ist eben ein Druck, der sich in Folge von Gravitation oder, umgangssprachlich, infolge von Schwere einstellt. Hingegen stolpern Sie vielleicht über den Begriff »hydrostatischer Druck«. Das ist verständlich, denn selbst, wenn Ihnen das etwas sagt – selbst also, wenn Sie ein paar Brocken Altgriechisch beherrschen und das Wort ὕδωρ/hýdor kennen oder wenn Ihnen zumindest daran angelehnte Ausdrücke wie Hydrant oder Hydraulik ein Begriff sind –, scheint hier irgendetwas nicht zu stimmen, denn es drängt sich der Eindruck auf, dass es bei hydrostatischem Druck nicht um Luft, sondern um ruhendes Wasser geht. Genau das sagt der Begriff tatsächlich aus! Er scheint für Luftdruck damit reichlich unpassend zu sein. Allerdings entsteht durch den Einfluss der Schwerkraft in allen ruhenden Flüssigkeiten und Gasen ein Druck, nicht nur in Luft, und es wäre unhandlich, für jede einzelne Flüssigkeit und jedes einzelne Gas ein eigenes Fachwort für den entstehenden Druck finden und benutzen zu müssen. Für den Schweredruck in Flüssigkeiten und Gasen hat sich daher der Begriff »hydrostatischer Druck« eingebürgert, auch dann, wenn es nicht um Wasser geht.

Wo findet man das noch? Ein Saugnapf saugt gar nicht – er wird von außen von der Luft festgehalten. Er wird regelrecht gegen die Fläche gepresst, an der er vermeintlich klebt. Wenn Sie einen Saugnapf an eine Fliese drücken, sorgen Sie durch das Andrücken dafür, dass er sich anschmiegt und dass zwischen ihm und der Fliese kaum noch Platz für Luft bleibt, die von innen gegen den äußeren Luftdruck andrücken kann. Der Saugnapf wird dann von außen von der Luft festgehalten. Wenn Sie allerdings nicht fest genug drücken, wenn der Saugnapf nicht elastisch genug ist oder wenn Sie versuchen, den Saugnapf an einer Tapete, einer Holzwand oder einer Mauer zu befestigen, schließt er mit der Oberfläche, an der er kleben soll, nicht dicht genug ab. Dann kann sich Luft unter dem Rand durchschlängeln und von innen drücken, und der Saugnapf hält nicht.

Luft zerlegt Licht

Warum ist der Himmel blau?

In einem populärwissenschaftlichen Physikbuch darf eine Frage nicht fehlen (auch wenn Sie jetzt mit den Augen rollen, weil Sie sie schon tausendmal gehört haben, schließlich ist es die Standardfrage schlechthin, wenn es um den Versuch geht, Naturwissenschaft für Nichtwissenschaftler interessant zu machen): Warum ist der Himmel blau?

Die Frage ist geradezu Sinnbild für populärwissenschaftliche Literatur, denn sie ist einfach und dreht sich um etwas, das jeder kennt, aber sie ist ohne wissenschaftliches Fachwissen nicht zu beantworten. Damit ist sie das perfekte Pars pro Toto für eine allgemein verständliche Naturwissenschaft. Vielleicht hat sie deshalb das traurige Schicksal erlitten, als abgegriffen zu gelten? Ich kenne Journalisten, die glauben, die Antwort sei allen bekannt, und die deshalb über die Frage, warum der Himmel blau ist, die Nase rümpfen. Ich sehe das anders. Die Frage ist großartig, denn sie ist nicht nur einfach, sondern auch kompliziert, und ich denke nicht, dass ihre Antwort gemeinhin bekannt ist. Und selbst wenn dem so sein sollte, ändert es nichts daran, dass die Frage uns in nur fünf Wörtern das Wesen der Wissenschaft vor Augen führt – Neugier darauf, wie unsere Welt funktioniert: Warum ist der Himmel blau? Die Antwort ist leider nicht in fünf Wörter zu fassen (zumindest nicht, wenn sie allgemein verständlich sein soll), denn es ist eben auch Wesen der Wissenschaft, dass sie oft knifflig ist.

81

Das Experiment: Natürlich könnte ich Sie am helllichten Tag nach draußen schicken und Ihnen sagen, Sie sollten den Himmel ansehen, allerdings habe ich den Clou, den es dabei zu entdecken gibt, bereits mit der Frage verraten: dass der Himmel blau ist. Als Experiment beschreibe ich Ihnen deshalb stattdessen, wie Sie den Himmel in Ihr Haus holen können. Es klappt auch bei Wolken! Sie benötigen dazu Wasser, Milch, ein hohes Glas, eine starke Taschenlampe und einen dunklen Raum.

Füllen Sie ein Glas mit Wasser und geben Sie einen Schluck Milch dazu. (Sollten Sie Zweifel daran hegen, dass die Mengenangabe »ein Schluck« wissenschaftlichen Standards genügt, haben Sie wahrscheinlich recht. Allerdings ist auch die Einheit »ein Glas« recht variabel, und wie viel Wasser Sie einfüllen sollen, habe ich Ihnen auch nicht verraten, ebenfalls nicht, ob sie Vollmilch oder fettarme Milch verwenden sollen; es ist in dieser Situation also geradezu geschickt, die Milchmenge ebenfalls nicht genau zu beziffern. Probieren Sie einfach aus, bei welchem Mischungsverhältnis sich das beste Ergebnis zeigt. Das ist übrigens die hübsche Formulierung für: »Wenn das Experiment schiefgeht, haben Sie wahrscheinlich zu viel oder zu wenig Milch genommen.« Um Sie nicht ganz ratlos zurückzulassen, schlage ich vor, Sie beginnen mit einem Esslöffel voll.) Gehen Sie in einen möglichst dunklen Raum und leuchten Sie mit der Taschenlampe von unten durch das Glas. Schauen Sie von der Seite ins Glas und erleben Sie Ihr blaues Wunder!

Was Sie sehen: Die trübe Milch-Wasser-Mischung erscheint bläulich. Der Effekt ist sehr zart, es kann gut sein, dass Sie ihn nicht sofort sehen. Probieren Sie es dann mit mehr oder weniger Milch, mit einer stärkeren Taschenlampe oder einem größeren Gefäß, zum Beispiel einem Aquarium.

Was hier vor sich geht: Sie haben Wasser und Milch gemischt und dadurch die *Erdatmosphäre* nachgebaut. Zum Atmen eignet sich die Mischung zwar nicht, aber Sie können an ihr die Vorgänge beobachten, die für das Blau des Himmels sorgen: Die Luftschicht um unsere Erde ist an sich nicht blau und Sonnenlicht auch nicht, allerdings wird das Sonnenlicht auf seinem Weg durch die Luft in seine Einzelfarben aufgespalten und *abgelenkt*, und das geschieht gerade so, dass besonders viel blaues Licht in unser Auge gelangt, weshalb wir den Himmel blau sehen. Das Gleiche passiert auch in Ihrer Modellatmosphäre, dem Gemisch aus Wasser und Milch in Ihrem Glas: Die Mischung ist nicht blau und das Licht Ihrer Taschenlampe ebenfalls nicht, allerdings werden die blauen Anteile aus dem Lichtstrahl abgelenkt, weshalb die Mischung, von der Seite aus betrachtet, bläulich scheint.

Wenn Sie es genau wissen wollen: Licht ist eine *elektromagnetische Welle*. Man kann sich die Welle leider nur schwer vorstellen, denn sie hat wenig mit Wellen zu tun, wie wir sie etwa vom Meer kennen. Es schwingt zwar etwas auf und ab, aber es ist etwas sehr Abstraktes: *elektrische Felder* und *magnetische Felder*. Sie schwingen gleichzeitig, Hand in Hand, und je nachdem, wie viel Platz sie in der Richtung, in die sie fliegen, für ein Auf und Ab brauchen, das heißt je nach *Wellenlänge*, hat das Licht eine andere *Farbe*. Verschiedene Lichtwellen können sich überlagern und dadurch andere Farben ergeben. Wenn sich beispielsweise alle Farben überlagern, kurze Wellen (Lila und Blau), mittlere Wellen (Grün und Gelb) und lange Wellen (Rot), kommt weißes Licht heraus. Weiß ist ein Sonderfall, es ist keine Farbe im eigentlichen Sinn, denn Sie finden keine einzelne Lichtwelle mit einer bestimmten Wellenlänge, die weiß aussieht. Damit Licht weiß aussieht, brauchen Sie schon die ganze Truppe an farbigem Licht, man sagt dazu auch das ganze *sichtbare Spektrum*.

Das Licht, das unsere *Sonne* abstrahlt, ist eine komplizierte Mischung aus farbigen Lichtwellen, aber wenn man nicht zu sehr ins Detail geht, kann man sagen, es handelt sich im Wesentlichen um das sichtbare Spektrum, das heißt um alle Farben, die es gibt, in einer handelsüblichen Mischung. Deshalb sieht Sonnenlicht weiß aus. (Darüber hinaus gibt die Sonne noch andere elektromagnetische Strahlung ab, die wir mit unseren Augen jedoch nicht sehen können: ultraviolette und vor allem infrarote Strahlung.) Das weiße Sonnenlicht, die Mischung aller Farben, fliegt also beschaulich durch das leere All (mit Lichtgeschwindigkeit, also rund einer Milliarde km/h, das heißt zehn Millionen mal so schnell wie ein Auto, was Sie vielleicht nicht gerade beschaulich finden, aber Licht kann nicht anders), doch nach acht Minuten trifft es auf die Erde, und mit dem ruhigen Flug ist es vorbei. Denn die Erde ist von einer *Atmosphäre* umgeben, einer Hülle aus Luft, und die zerlegt das weiße Licht in seine Einzelteile. Dahinter steckt ein allgemeines Phänomen, das Lichtwellen betrifft: Wenn sie auf Hindernisse stoßen, ändern sie oft ihre Richtung, Physiker nennen das *Streuung*. In unserer Atmosphäre wimmelt es nur so von kleinen Teilchen, die Sonnenlicht streuen (genau genommen sind diese Teilchen die Atmosphäre): vor allem *Stickstoffmoleküle* und *Sauerstoffmoleküle*, Sie finden aber auch eine Menge Staub und Dreck. (Das muss man mal so drastisch sagen, Wissenschaftler bevorzugen allerdings die reinlicher klingende Bezeichnung *Aerosole*.) Kurze Wellenlängen trifft diese Streuung besonders hart, denn sie passen von ihrer Größe her einfach schlecht zu den Teilchen, die in unserer Atmosphäre herumfliegen: Während (langwelliges) rotes und gelbes Licht die Luft fast unbehelligt passiert, wird (kurzwelliges) blaues Licht in alle Richtungen gestreut. So strahlt der ganze Himmel in prächtigem Blau, obwohl da oben nichts ist, das wirklich blau ist – wir sehen aber das sogenannte *Streulicht*, das Stickstoffteilchen und Sauerstoffteilchen aus den Sonnenstrahlen herausgefischt und abgelenkt haben und das nicht zu den Seiten wegfliegt, sondern ein paar Haken schlägt und nach einem kleinen Zick-

zack-Umweg doch noch unser Auge erreicht, jetzt aber nicht mehr direkt von der Sonne aus, von wo es gestartet ist, sondern aus allen möglichen Richtungen.

Wie genau Licht an kleinen Teilchen gestreut wird (und insbesondere dass seine Farbe darüber entscheidet, wie stark), hat der britische Physiker John William Strutt, der dritte Baron Rayleigh, erforscht, weshalb man den Effekt *Rayleigh-Streuung* nennt. (Für diejenigen, die das längst gewusst haben, ist die Frage, warum der Himmel blau ist, wahrscheinlich wirklich nichts Besonderes, und ein Augenrollen sei in diesem Fall ausnahmsweise gestattet.) Lord Rayleigh war ein vielseitig interessierter Allround-Physiker und hat 1904 den Nobelpreis für Physik erhalten, allerdings nicht für die Erklärung, warum der Himmel blau ist, sondern dafür, dass er die Dichte einiger Gase bestimmt und das Edelgas Argon entdeckt hat.

Dass Ihr Glas mit trübem Wasser von der Seite bläulich aussieht, liegt ebenfalls an der Rayleigh-Streuung: Das weiße Licht der Taschenlampe wird an den Fetttröpfchen der Milch, die durch das Wasser schwimmen, gestreut. (Das Fett löst sich in der wässrigen Molke nicht, sondern bildet mit ihr eine sogenannte *Emulsion*, eine feine Mischung.) Wie am Himmel auch werden die blauen Anteile des weißen Lichts an den Fetttröpfchen stärker abgelenkt als die gelben und roten, deshalb sehen Sie von der Seite einen bläulichen Schimmer im Milchglas.

Das Experiment (Fortsetzung): Beleuchten Sie das Glas weiterhin von unten, schauen Sie nun aber direkt von oben hinein.

Was Sie sehen: Die Flüssigkeit erscheint, von oben betrachtet, nicht mehr bläulich, sondern gelb, ganz so, als wäre die Wasser-Milch-Mischung verdorben.

Was hier vor sich geht: Falls Sie erwartet hatten, dass die Flüssigkeit durch die Rayleigh-Streuung bläulich aussieht, und nun verwirrt sind, kann ich Sie beruhigen: Die Physik ist nicht kaputt! Tatsächlich handelt es sich bei der Farbe, die Sie sehen, ebenfalls um eine Folge der Rayleigh-Streuung, der Unterschied zu eben ist aber, dass Sie dieses Mal direkt in Richtung der Lichtquelle blicken. Das Licht der Taschenlampe bahnt sich seinen Weg durch die Wasser-Milch-Mischung, und vor allen Dingen seine blauen Anteile werden an den Fetttröpfchen der Milch in alle möglichen Richtungen abgelenkt. Die verbleibende Lichtmischung macht deshalb einen gelben Eindruck.

Wenn Sie in den Himmel spähen, sieht die Sonne, die Lichtquelle, ja auch nicht blau aus, sondern gelb, obwohl sie eigentlich in reinem Weiß strahlt (wie Ihnen Astronauten, die im Weltall waren, gern bestätigen, falls Sie welche kennen). Die blauen Anteile wurden aus den Lichtstrahlen herausgefischt und weggelenkt, und das, was vom Sonnenlicht übrig bleibt, sieht gelb aus. (Ich bin mir sicher, Sie wissen das, aber zur Sicherheit muss ich Sie warnen: Schauen Sie niemals direkt in die Sonne, sondern nur mit einer geeigneten Schutzbrille!) Ihr von unten beleuchtetes Glas ist also ein vielseitiges Modell für unseren Himmel: Wenn Sie von der Seite hineinblicken, sehen Sie das Blau des Himmels, wenn Sie von oben in den Lichtstrahl hineingucken, das Gelb der Sonne.

Das geht noch krasser: Die Rayleigh-Streuung schlägt umso heftiger zu, je mehr Teilchen es gibt, an denen das Licht gestreut werden kann. Deswegen eignet sich für das Experiment am besten ein hohes Glas oder noch besser ein Aquarium: Je länger der Weg ist, den das Licht durch die Milch-Wasser-Mischung zurücklegen muss, desto mehr wird gestreut.

Das sehen wir eindrucksvoll bei einem Sonnenuntergang: Steht die Sonne tief, trifft ihr Licht nicht mehr so gerade wie tagsüber, sondern in einem flachen Winkel auf die Erde und muss eine längere Strecke durch die Atmosphäre fliegen. Es stößt deshalb auf mehr Teilchen als sonst, an denen es gestreut wird, und nur die ganz langen orangenen und roten Lichtwellen schaffen es überhaupt noch durch die Luft hindurch bis zu unserem Auge. Sonnenuntergänge (und auch Sonnenaufgänge) sehen deshalb so intensiv orange und rot aus. Hinzu kommt, vor allem in großen Städten, dass das Licht nicht nur an Luftteilchen, sondern zusätzlich noch an Staub und Schmutz gestreut wird. Wenn Sie bei Sonnenuntergang eine besonders romantische Stimmung verspüren, liegt dies also womöglich nur an der dreckigen Luft.

Wieso muss ich für das Experiment Milch und Wasser mischen? Wasser alleine ist zu dünn, es lässt Licht fast ungehindert passieren (deshalb ist ein Glas Wasser durchsichtig). Pure Milch ist zu dick, sie lässt Licht nicht einfach so hindurchfliegen (deshalb ist ein Glas Milch nicht durchsichtig). Was Licht in Milch widerfährt, erkläre ich im Kapitel »Nebel im Milchglas«.

Wo findet man das noch? Die Rayleigh-Streuung tritt nicht nur am Himmel auf, sondern macht sich auch in Glasfaserkabeln bemerkbar. An kleinen Unreinheiten im Glas wird Licht je nach Farbe verschieden stark abgelenkt oder verschluckt, sodass es bei seiner Reise durch das Kabel, bei der es Informationen transportieren soll, etwas von seiner Energie einbüßt. Man kann es leider nicht verhindern, ebenso wenig wie man hier unten auf der Erde das Blau des Himmels oder das Gelb der Sonne ändern kann. (Oben im Weltall sieht die Sache übrigens anders aus: Auf dem Mond gibt es keine Atmosphäre, der Himmel ist dort tagsüber schwarz und die Sonne weiß.)

Hose ohne Wiederkehr

Wieso ist nasse Kleidung dunkler?

Manche Phänomene, die man im Alltag beobachten könnte, beobachtet man nicht, weil sie so alltäglich sind, dass man sie aus Gewohnheit hinnimmt, ohne sich darüber zu wundern. Ein solches Phänomen ist, in gewisser Hinsicht, Ihre Hose.

Das Experiment: Ziehen Sie eine Jeans an und fahren Sie ans Meer. Ob es sich um Salzwasser oder Süßwasser handelt, ist egal. Waten Sie ins Wasser, bis die Hosenbeine nass sind, waten Sie wieder heraus und betrachten Sie dann Ihre Hose.

Was mache ich, wenn ich gerade kein Meer in der Nähe habe? Der Effekt zeigt sich natürlich auch an weniger feudalen Orten: Fahren Sie zum Beispiel an einen See oder gehen Sie bei Regen spazieren. Wenn Sie gar keinen Wert aufs Ambiente legen, stellen Sie sich mit Kleidung unter die Dusche oder gießen Sie sich ein Glas Wasser über die Hose. Die Physik spielt in jedem Fall mit, der Ort ist ihr egal. (Man könnte nun glauben, dass der Ort nüchternen Naturwissenschaftlern, denen es um Experiment und Erkenntnis geht, ebenfalls egal ist, doch das stimmt nicht. Wissenschaftliche Konferenzen finden oft in gemeinhin als sehenswert geltenden Städten statt, manchmal sogar an Badeorten, was nicht ganz zum Image des genügsamen Gelehrten passt.)

Was Sie sehen: Dort, wo Ihre Hose nass ist, ist sie dunkler.

Was hier vor sich geht: Dass nasse Kleidung dunkler ist, ist keine sensationelle Erkenntnis, aber es ist auch nicht so banal, wie es scheinen mag, denn es steckt ein spannender physikalischer Effekt dahinter. Nasse Kleidung verrät uns etwas darüber, wie Licht und Farben funktionieren.

Wann immer Licht auf einen Gegenstand trifft, hat es drei Möglichkeiten: Es kann zurückgeworfen werden (das nennt man *Reflexion*), es kann durchgelassen werden (das ist *Transmission*), und es kann aufgenommen werden (dazu sagt man *Absorption*). Andere Möglichkeiten gibt es nicht. Was auch immer mit Licht passiert, wenn es auf einen Gegenstand trifft, es ist stets eine Mischung aus Reflexion, Transmission und Absorption. Wie viel des eintreffenden Lichts zurückgeworfen, wie viel geschluckt und wie viel durchgelassen wird, hängt davon ab, wie die Oberfläche des Gegenstands beschaffen ist, aus welchen Farben das Licht besteht und aus welcher Richtung es kommt.

Dass Sie Ihre Hose überhaupt sehen können, liegt daran, dass die Hose Licht reflektiert und in Ihr Auge ablenkt. Natürlich handelt es sich nicht um eine Reflexion wie bei einem Spiegel (außer Sie tragen eine Spiegelhose, wovon ich allerdings nicht ausgehe); das, was die Hose sichtbar macht, ist eine sogenannte *diffuse Reflexion*. Die Hose mag sich vielleicht geschmeidig anfühlen, unter dem Mikroskop jedoch sieht sie aus wie ein zerklüfteter Felsen, die Fasern sind rau und uneben, und sie werfen Licht, das auf sie trifft, deshalb in alle möglichen Richtungen zurück, sie *streuen* es. Auf diese Weise gelangt Licht von der Hose in Ihr Auge, und Sie sehen die Hose so, wie Sie sie kennen.

Wasser ändert jedoch alles. Wenn die Hose nass wird, ist sie erst einmal glatter, denn das Wasser sickert in die Zwischenräume zwischen den Fasern und benetzt die holperige Landschaft. Man könnte vermuten, dass das die Hose heller macht,

denn glatte Oberflächen reflektieren Licht besonders gut, siehe Spiegel. Teilweise passiert das sogar: Je nach Licht und Blickwinkel schimmert die nasse Stelle wie eine nasse Straße, die im Sonnenlicht glänzt. Doch vor allem passiert etwas anderes: Wenn ein Lichtstrahl auf Ihre nasse Hose trifft, auf den Wasserfilm, ändert er seine Richtung. Physiker sprechen von *Brechung* oder, wenn sie sich wichtigmachen wollen, von *Refraktion*.

Diesen Licht-Umlenk-Effekt kennt man von einem Wasserglas mit einem Strohhalm: Der Strohhalm sieht aus manchen Blickwinkeln geknickt aus, obwohl er es nicht ist, denn das Licht, das vom Strohhalm ins Auge gelangt, muss erst ein Stück durchs Wasser hindurch, dann durchs Glas und schließlich durch die Luft, und fast immer, wenn Licht in ein anderes Material übergeht, ändert es seine Richtung.

Bei Ihrer Hose macht es keine Ausnahme: Es geht von Luft in Wasser über, ändert dabei seine Richtung, wird in tiefere Schichten des Gewebes abgelenkt – und verschwindet auf Nimmerwiedersehen in den Untiefen Ihrer Hose. Deshalb sieht die nasse Hose dunkler aus: weil mehr Licht in ihr verschwindet und entsprechend weniger Licht wieder herauskommt. Den Effekt, dass eine nasse Hose Licht ablenkt und einbehält, kann man bei hellen Hosen besonders gut beobachten, denn dunkle Hosen werfen von sich aus bereits wenig Licht zum Auge zurück, deswegen sind sie ja gerade dunkel.

Wo findet man das noch? Die nasse Hose zeigt ein allgegenwärtiges Prinzip, das bestimmt, wie wir unsere Welt sehen: Sie zeigt, wie sich Licht verhält, wenn es auf Objekte trifft. Denn dass ein Gegenstand so aussieht, wie er aussieht, hängt davon ab, wie bei ihm Reflexion, Absorption und Transmission zusammenspielen. Eine Glasscheibe beispielsweise lässt einen Großteil des Sonnenlichts durch, deshalb ist sie durchsichtig (aber nicht nur: Einen kleinen Teil des Lichts schluckt sie, und ein kleiner Teil wird reflektiert, weshalb man in einem Schaufenster ein blasses Spiegelbild von sich erkennen kann). Ein Feuerwehrauto sieht rot aus, weil der Lack aus dem eintreffenden Licht fast alle Farben einbehält und nur die roten Anteile reflektiert. Und eine schwarze Katze ist schwarz, weil ihr Fell fast alles Licht schluckt und nur wenig zurückwirft, das zu unserem Auge gelangen kann (außer nachts, dann ist die Katze bekanntlich grau).

Die Art, wie ein Objekt mit Licht umgeht, kann man beeinflussen, indem man seine Oberfläche verändert. Dampft man zum Beispiel auf ein Glas bestimmte dünne Schichten auf, kann man dafür sorgen, dass es weniger reflektiert, das heißt, man kann es »entspiegeln«. Solche Anti-Lichtreflex-Beschichtungen machen Brillen komfortabler und Solarzellen effizienter. Und sie funktionieren im Wesentlichen so wie Ihre nasse Hose: Licht ändert die Richtung, wenn es auf die Oberfläche trifft.

Die Oberfläche eines Gegenstands zu behandeln, um seine Reflexionseigenschaften zu verändern, klingt nach komplizierter, modernster Technologie, aber der Trick ist uralt und hat sich unter dem Namen »polieren« seit Jahrhunderten bewährt. Ein poliertes Auto glänzt, weil seine Oberfläche mehr Licht spiegelnd reflektiert.

Das faszinierende Prinzip der Lichtbrechung hat noch einen weiteren eher theoretischen, aber nicht von der Hand zu weisenden Nutzen: Wenn das nächste Mal eine unerwartete Welle oder ein plötzlich einsetzender Regen Ihre Hose nass macht, sollten Sie sich einfach vor Augen führen, was physikalisch gesehen gerade in der Hose passiert. Dann ist der Ärger nur noch halb so groß!

Der Gesang des Cappuccinos

Wie kann man mit einem Cappuccino eine Tonleiter spielen?

Jetzt kommt ein Effekt, der so einfach wie großartig ist.

Das Experiment: Gehen Sie in ein Café, bestellen Sie einen Cappuccino und rühren Sie ihn einige Male um. Klopfen Sie dann in einem regelmäßigen Takt mit dem Löffel von innen auf den Boden der Tasse. Lauschen Sie dem Gesang des Cappuccinos!

Was Sie hören: Selbst wenn Sie völlig unmusikalisch sind, hören Sie deutlich, dass das Klopfgeräusch innerhalb weniger Sekunden immer höher wird, Ihr Getränk spielt eine regelrechte Tonleiter. Der Klang unterscheidet sich je nach Becher, Cappuccino und Schaum, aber das Klopfgeräusch steigt meist um mehr als eine ganze Oktave an, und was noch mehr verblüfft: unabhängig davon, wie stark und wie schnell Sie klopfen. Es ist ein wirklich erstaunliches Phänomen.

Was hier vor sich geht: Das Geheimnis liegt im Milchschaum – ein gewöhnlicher Kaffee wird Ihnen keine Tonleiter vorsingen. Wenn Sie Ihren Cappuccino umrühren, rühren Sie Schaum in die Flüssigkeit, das heißt Luft, und diese Luft ändert die akustischen Eigenschaften des Getränks: Sie senkt die *Schallgeschwindigkeit.*

Schall ist eine Schwankung von Druck und Dichte, üblicherweise in der Luft. Wenn sie einigermaßen regelmäßig abläuft und sich wiederholt, hören wir einen *Ton*, unregelmäßige Schwankungen empfinden wir lediglich als *Geräusch*. (Man kann also sagen: Ordnung klingt für uns schön.) Schall ist eine *Druckwelle* und kann sich in allem fortbewegen, was man irgendwie zusammenquetschen kann, nicht nur in Luft, sondern zum Beispiel auch in Wasser oder eben Kaffee. Schallausbreitung ist ein mechanischer Vorgang, den man sich gut vorstellen kann, obwohl er sehr schnell abläuft und für uns meistens unsichtbar ist. Ein kleiner Bereich im Material (zum Beispiel Luft oder Wasser) wird für einen kurzen Moment gestaucht, und seine Moleküle werden zusammengedrückt – wie Menschen am Eingang einer Konzerthalle, wenn ein Schwung neuer Besucher hereinströmt. Bei einem großen Lautsprecher können wir manchmal sogar sehen, wie sich die Lautsprechermembran bewegt; diese Bewegung schiebt Luft zusammen. Die gequetschten Moleküle stehen unter Druck, weil ihnen ihre gewohnte Ellbogenfreiheit fehlt, und sie geben diesen Druck weiter, indem sie sich wieder ausbreiten und dabei ihre Nachbarn weiter vorne zusammenschieben – wie die bedrängten Besucher am Halleneingang nach vorne drücken, bis es sich vor der Bühne knubbelt. So breitet sich eine Schallwelle, eine Schwankung in Druck und Dichte, aus.

Je nachdem, in welchem Material die Schallwelle unterwegs ist, klappt das besser oder schlechter, denn wie gut sich so eine Druckwelle in einem Stoff ausbreiten kann, hängt davon ab, wie dicht er ist und wie leicht man ihn zusammendrücken kann, das heißt von seiner *Dichte* und seiner *Kompressibilität*. Wenn Stoffe verschieden dicht und verschieden gut zusammendrückbar sind, ist die *Schallgeschwindigkeit* in ihnen unterschiedlich. Anschaulich kann man es sich so vorstellen: In einem dichten Stoff sind kleine Bereiche schwer und träge und geben eine Druckwelle nicht so leicht weiter; je dichter ein Stoff ist, desto langsamer kommt Schall voran. Und in einem besonders kompressiblen Stoff lassen sich die Moleküle leicht zusammendrücken und geben Druck, wenn sie zusammenge-staucht werden, nicht so energisch weiter; je kompressibler ein Stoff ist, desto langsamer kommt Schall voran. Es ist wie mit einem Gewicht, das an einer Sprungfeder hängt: Je größer das Gewicht und je weicher die Feder ist, desto langsamer schwingt das Gewicht auf und ab. Bei Schall schwingt der Stoff selbst in seinem Inneren; seine Dichte entspricht dem Gewicht, seine Kompressibilität der Weichheit der Feder. Das heißt: Je dichter und je kompressibler ein Stoff ist, desto langsamer ist Schall bei seinem Weg durch den Stoff hindurch.

Wasser ist zwar dichter als Luft (ein Liter Wasser wiegt etwa 800-mal mehr als ein Liter Luft), aber Luft ist wesentlich kompressibler (Wasser leistet rund 15.000-mal mehr Wider-stand, wenn es zusammengedrückt wird). Deshalb breitet sich Schall in Luft langsamer aus als in Wasser: In Luft legt Schall 343 Meter pro Sekunde zurück, in Wasser ist er mehr als vier Mal so schnell.

Indem Sie umrühren, senken Sie die Schallgeschwindigkeit im Cappuccino dramatisch, denn die untergerührten Luftbläs-chen machen ihn kompressibel. Mit der Zeit steigen die Luft-bläschen jedoch an die Oberfläche, und mit jedem Bläschen, das aus dem Cappuccino verschwindet, wird das Getränk auch weniger kompressibel und der Schall damit wieder schneller. Und schnellerer Schall bedeutet in einem Becher einen höhe-ren Klopfton.

Wo findet man das noch? Der Cappuccino-Effekt ist ein sensationelles Phänomen. Er ist so unscheinbar, dass Menschen ihn meist nicht bemerken, wenn sie niemand darauf hinweist, und gleichzeitig ist er beeindruckend, weil die Tonerhöhung so krass ist. Ich schätze, Sie werden nie wieder Cappuccino trin-ken wie bisher. Ich zumindest klopfe, seit ich den Effekt kenne, bei jedem Cappuccino und freue mich jedes Mal aufs Neue über die faszinierende Tonleiter.

Der Cappuccino-Effekt wurde 1982 in der Fachzeitschrift »American Journal of Physics« untersucht, allerdings nicht mit Cappuccino, sondern mit löslichem Kakao, weshalb er im englischsprachigen Raum als »hot chocolate effect« bekannt ist. Seither fasziniert er Physiker: Sie erforschen nicht nur, in welchen anderen Stoffen der Effekt sonst noch auftritt, sondern auch, wie sie ihn umgekehrt nutzen können, um anhand der Klangänderung einer Flüssigkeit etwas darüber zu erfahren, wie Gas in ihr freigesetzt wird und aus ihr austritt.

Wenn Sie es genau wissen wollen: Wie schnell eine Schallwelle ist, hängt davon ab, wie dicht und wie kompressibel der Stoff ist, durch den sie sich bewegt. Das habe ich Ihnen eben als knackigen Einzeiler vorgesetzt, aber wenn es Sie interessiert, lassen Sie uns hier kurz ins Detail gehen, denn die beiden Begriffe, um die es geht, tauchen in der Physik immer mal wieder auf, und es schadet nicht, sie zu kennen.

Die *Dichte* sagt, wie viel ein bestimmtes *Volumen* des Stoffes, das heißt eine bestimmte Portion, wiegt. Oft gibt man sie in Kilogramm pro Kubikmeter an. Bei 20 °C Raumtemperatur beträgt die Dichte von Luft etwa 1,2 kg/m^3, die von Wasser 998,2 kg/m^3. Die Dichte ändert sich mit der Temperatur, denn wenn es wärmer wird, dehnen sich Stoffe meist aus, das Volumen nimmt also zu, während die Stoffmenge und somit das Gewicht gleich bleibt. Mehr Platz bei gleichem Gewicht heißt: Die Dichte nimmt ab. Das wirkt sich dann natürlich auch auf die Schallgeschwindigkeit aus, denn sie hängt von der Dichte ab: je wärmer die Luft, desto geringer ihre Dichte, desto schneller der Schall. Wenn man »Schallgeschwindigkeit« sagt, meint man meistens die Standard-Schallgeschwindigkeit, das heißt die Geschwindigkeit von Schall in Luft bei einer Temperatur von 20 °C, sie beträgt etwa 343 m/s (rund 1234 km/h).

Der *Kompressionsmodul* gibt an, wie stark sich ein Stoff gegen Druck wehrt. Er ist das Gegenteil der *Kompressibilität* (beide

Größen messen die gleiche Materialeigenschaft, nämlich wie gern oder ungern das Material sich stauchen lässt, und können leicht ineinander umgerechnet werden: Es ist der jeweilige Kehrwert). Der Kompressionsmodul beschreibt, wie viel Druck von allen Seiten nötig ist, um eine bestimmte Volumenänderung zu bewirken, das heißt, wie viel Druck man braucht, um die Portion zu verkleinern. Wichtig dabei ist, dass sich das Volumen nennenswert ändert und der Stoff dabei nicht kaputtgeht, schmilzt oder sich auf eine andere Weise nachhaltig und unumkehrbar verändert – wenn doch, dann ist der Kompressionsmodul bedeutungslos, denn was soll eine Zahl bedeuten, die den Widerstand eines Stoffes gegen Druck angibt, wenn der Stoff durch den Druck total im Eimer ist? Wie alle Drücke wird der Kompressionsmodul in der Einheit *Pascal* angegeben. Luft hat einen Kompressionsmodul von 0,000142 Gigapascal (Milliarden Pascal, diese Einheit wähle ich, damit wir gut vergleichen können), Wasser hat einen Kompressionsmodul von 2,2 Gigapascal. Luft lässt sich, wie gesagt, wesentlich leichter zusammendrücken. Es gibt Stoffe, die sich gegen Druck noch stärker sträuben als Wasser: Stahl etwa hat einen Kompressionsmodul von 160 Gigapascal, Diamant liegt bei 442 Gigapascal.

Apropos Schallgeschwindigkeit: Die Geschwindigkeit eines Flugzeugs gibt man gelegentlich nicht in km/h, sondern mit der *Mach-Zahl* an. Mach 1 bedeutet, dass das Flugzeug genauso schnell wie Schall fliegt, Mach 2 bedeutet, es fliegt mit doppelter Schallgeschwindigkeit, und so weiter. Das ist in zweierlei Hinsicht interessant: Zum einen ist bei Maßangaben üblich, die Einheit hinter die Zahl zu setzen (man sagt beispielsweise, dass man »80 Kilogramm« wiegt, und nicht »Kilogramm 80«), bei der Mach-Zahl jedoch ist es andersherum, was man höchstens von Geldbeträgen und Währungen kennt, die man schreiben darf, wie man will. (Die Schreibweise »$ 81« hat allerdings eher buchhalterischen als literarischen

Charme.) Zum anderen ist die Schallgeschwindigkeit nicht fest, wie eben erwähnt, sondern in großen Höhen, in denen Flugzeuge in der Regel unterwegs sind, höher als am Boden, entsprechend ist auch »Mach 1« keine feste Angabe, sondern je nach Ort verschieden groß. Das aber ist gar nicht so ungeschickt, wie es aussieht, denn für ein schnell und hoch fliegendes Flugzeug ist nicht klar, auf was sich eine Geschwindigkeitsangabe beziehen soll. Die sich unter dem Flugzeug drehende Erde? Die Luft, durch die das Flugzeug saust? Die Mach-Zahl umgeht das Problem, indem sie den Schwarzen Peter weitergibt und sagt: Die Geschwindigkeit bezieht sich auf die gerade hier vor Ort geltende Schallgeschwindigkeit (ohne dabei mit anzugeben, wie groß die ist).

Die Mach-Zahl ist übrigens benannt nach dem Physiker und Philosophen Ernst Mach, der um 1880 untersuchte, wie Projektile, die schnell fliegen, Luft vor sich herschieben und zusammendrücken. Dass er auch Impulse zu Albert Einsteins Allgemeiner Relativitätstheorie lieferte und Ideen beisteuerte, wie man die Geschwindigkeit eines Sterns messen kann, ist gemeinhin unbekannt (aber für Laien eben auch nicht so spektakulär wie die Verdichtungswellen, die ein mit Überschallgeschwindigkeit fliegendes Projektil erzeugt; Waffen und Geschwindigkeit scheinen etwas angesagtere Themen zu sein als Erkenntnistheorie und Doppler-Linienverschiebungen in Sternspektren). Wir kennen Mach heute also im Wesentlichen im Zusammenhang mit hohen Geschwindigkeiten, was zweifelsohne auch der Hintergedanke der Firma Gillette war, als sie einen ihrer Rasierer »Mach 3« nannte. Ich halte es allerdings dermatologisch für bedenklich, sich mit dreifacher Schallgeschwindigkeit rasieren zu wollen. Trinken Sie lieber einen Cappuccino und erfreuen Sie sich am Cappuccino-Effekt.

Der leuchtende
Fingerabdruck des Gases

Was leuchtet in einer Neonröhre?

Wenn Elektronen herunterfallen, geht das Licht an – so kann man ein Hauptprinzip der modernen Physik zusammenfassen. Es hilft uns, den Aufbau unserer Welt zu untersuchen, außerdem benutzen wir es, um Leuchtreklame für Bars zu machen.

Das Experiment: Schalten Sie eine Neonröhre ein.

Was Sie sehen: Die Neonröhre leuchtet orangerot.

Was hier vor sich geht: Das Experiment funktioniert nicht? Die Röhre leuchtet überhaupt nicht orangerot, sondern weiß? Dann haben Sie leider keine *Neonröhre* eingeschaltet, sondern etwas anderes, wahrscheinlich eine *Leuchtstoffröhre*. Das Experiment war für Sie somit kein physikalisches, sondern ein linguistisches, und Sie konnten daraus lernen: Das, was im Büro oder der Garage an der Decke hängt, ist keine Neonröhre, denn echte Neonröhren, die das Edelgas Neon enthalten, leuchten orangerot. Sie brauchen sich allerdings nicht zu ärgern oder zu schämen, denn die falsche Bezeichnung ist weitverbreitet.

Das Experiment (zweiter Versuch): Besorgen Sie sich eine Neonröhre. Schalten Sie sie ein. Wahlweise können Sie auch ein Etablissement mit einer orange-rötlichen Leuchtreklame aufsuchen. Oder (wenn Sie nun, frustriert von dem wissenschaftlichen Rückschlag, keine Lust auf weitere Experimente oder Nachtclubs haben): Stellen Sie sich in Gedanken einfach eine orange-rötliche Leuchtreklame vor.

Was hier vor sich geht (zweiter Versuch): Die Röhre ist mit *Neon* gefüllt, einem farblosen, durchsichtigen Gas, das jedoch plötzlich orangerot leuchtet, wenn man den Strom einschaltet. Diese Farbe ist eine Besonderheit des Neongases, sie ist gewissermaßen sein Fingerabdruck. Sie entsteht, weil *Elektronen* im Gas angeregt werden und *Energie* bekommen, sie jedoch wieder abgeben.

Elektronen, geladene Elementarteilchen, können verschiedene Energien haben – manche sind schlapp, andere lebhaft; Physiker sprechen von einem geringen oder einem hohen *Energieniveau*. In dieser Formulierung, »Niveau«, steckt der Clou: Ein Elektron kann nicht jede beliebige Energie annehmen, sondern nur ganz bestimmte Stufen, so wie man im Supermarkt auch nicht jede beliebige Menge Wasser kaufen kann, sondern nur bestimmte Abfüllmengen wie 0,5 Liter, 0,7 Liter, 1 Liter, 1,5 Liter, 2 Liter, 5 Liter. Um deutlich zu machen, dass für das Elektron eben nur ein paar feste Energie-Stufen erlaubt sind, spricht man auch von *diskreter Energie* (von lateinisch discretus, getrennt) oder, doppelt hält besser, von einem *diskreten Energieniveau*. Wenn ein Elektron Energie aufnimmt, springt es eine Stufe nach oben auf das nächste Niveau oder, wenn es besonders viel Energie bekommen hat, auch gleich mehrere Stufen auf das übernächste oder überübernächste Niveau. Wenn das Elektron hingegen Energie abgibt, fällt es nach unten auf Niveaus geringerer Energie. (Mit der flapsigen Formulierung »ein Elektron fällt herunter« meint man nicht, dass einem das Elektron tatsächlich irgendwo herunterfällt und dann auf dem Boden liegt, sondern ein energetisches Herunterfallen, bei dem das Elektron sogenannte *potenzielle Energie* oder auch *Lageenergie* verliert, ganz so als ob es von einem Schrank, einem Ort mit hoher Lageenergie, auf den Boden fiele, einen Ort mit geringerer Lageenergie.)

Genau das passiert in der Neonröhre: Durch den angeschlossenen Strom bekommen die Elektronen der Neon-Atome Extra-Energie und springen auf der Energietreppe nach oben. Sie behalten die Energie aber nicht, sondern geben sie irgendwann spontan wieder ab und fallen auf der Energietreppe nach unten. Dabei senden sie Licht aus, denn die Energie, die sie abgeben, muss ja irgendwo hin, man spricht von *spontaner Emission*. Je nachdem, wie tief sie fallen, hat das Licht eine andere Farbe, man kann sagen: je tiefer, desto bläulicher. Ein Neon-Atom ist just so aufgebaut, dass die Elektronen eine ganz bestimmte Höhe fallen, und dieser Energieunterschied verursacht gerade orange-rötliches Licht.

Wenn Sie es genau wissen wollen: Der Zusammenhang zwischen Fallhöhe und Farbe ist gar nicht so sonderbar, wie er klingt. Wie viel Energie ein Elektron abgibt, hängt erstens davon ab, wie tief es auf der Energietreppe nach unten fällt, und zweitens, wo genau die einzelnen Stufen, die es einnehmen darf, liegen. Befindet sich zwischen dem energiereichen und dem energiearmen Zustand nur eine kleine Stufe, hat das Licht, das entsteht, wenig Energie; fällt das Elektron aber eine große Stufe herunter oder springt sogar mehrere Niveaus nach unten, besitzt das ausgeschickte Licht viel Energie. Und Farbe und Energie einer Lichtwelle hängen recht einfach zusammen: Je mehr Energie die Lichtwelle besitzt, desto schneller schwingt sie (Physiker sagen: desto höher ist ihre *Frequenz*), und je schneller der Rhythmus ist, in dem sie auf und ab schwingt, desto bläulicher ist sie, das heißt, desto tiefer befindet sich die Farbe in der Palette des Regenbogens. Orangerotes Licht schwingt also in einem langsamen Rhythmus.

Apropos Neon: Neon zählt zu den *Edelgasen*, einer Gruppe von Gasen, die kaum chemische Reaktionen eingehen und die man deshalb *edel* nennt. Manchmal nennt man sie alternativ auch *reaktionsträge*, was mir ein wesentlich passenderer und zeitgemäßerer Name für die Eigenschaft zu sein scheint, mit nichts reagieren zu wollen. »Edel« bedeutet schließlich etwas anderes als »faul«, konsequenterweise sollte man Edelgase also »träge Gase« oder »Faulgase« nennen. Neon hat keine Farbe und riecht nach nichts, und weil es so ungern reagiert, gewissermaßen auf der Party der Elemente uninteressiert in der Ecke steht und mit keinem spricht, hat es in der Biologie keine Funktion. Es ist also ein recht langweiliges Gas und noch nicht mal selten (auf der Erde zwar schon, dafür gibt es im Universum reichlich davon). Auch der Name ist nichts Besonderes: Nachdem die Edelgase *Argon* und *Krypton* gefunden worden waren, entdeckten Wissenschaftler ein weiteres Gas, und sie nannten es »Neon«, was einfach nur »das Neue« heißt (nach dem griechischen νέος/ néos, neu). Sie hatten damit nicht nur ein weiteres Edelgas gefunden, sondern auch die landläufige Meinung darüber bestätigt, wie kreativ und sprachgewandt der gemeine Naturwissenschaftler veranlagt ist.

Über Neon gibt es nur zwei wesentliche Dinge zu sagen: Zum einen ist es das Gas, mit dem die ersten Leuchtröhren gefüllt wurden, was ihm einen Weltruhm eingebracht hat, der bis heute anhält; auch wenn nur wenige Menschen das charakteristische rote Leuchten kennen, das es auszeichnet, steht der Name »Neon« auch einhundert Jahre später noch generell für alle möglichen leuchtenden Farben. Zum anderen ist Neon nicht gern flüssig. Ich weiß zwar nicht, was Sie dazu verleiten sollte, aber wenn Sie mal flüssiges Neon ausschenken wollen, müssen Sie aufpassen: Wenn Sie nicht genau die richtige Temperatur treffen, ist es entweder noch festgefroren oder bereits verdampft. Neon ist nämlich nur zwischen etwa −248 und −246 Grad Celsius flüssig und damit der Albtraum für jeden

Barkeeper; kein anderes chemisches Element, das wir kennen, besitzt einen so kleinen Flüssigkeitsbereich.

Die anderen Edelgase sind übrigens Helium, Argon, Krypton, Xenon und Radon. Und vielleicht Ununoctium.

Apropos was? *Ununoctium.* Machen Sie sich nichts draus, wenn Sie das noch nie gehört haben – der Name wird sowieso noch geändert. Es ist nur ein Platzhalter, der nach bestimmten Regeln gebildet wird und in diesem Fall halt zufällig wie eine indianische Heilpflanze klingt. Chemische Elemente bekommen erst dann einen schönen Namen, wenn bewiesen und offiziell anerkannt ist, dass es sie gibt. Das ist beim Ununoctium erst im Dezember 2015 gewesen. Im Juni 2016 wurde vorgeschlagen, das Element *Oganesson* zu nennen, nach dem russischen Kernphysiker Juri Oganessian, einem Mitentdecker des Elements. Jetzt ist der Name erst einmal auf Probe angenommen, und wenn niemand mehr Einspruch erhebt, gilt er ab Ende 2016 offiziell. Zu diesem Zeitpunkt ist dieses Buch jedoch gerade im Druck, ich kann Ihnen hier und jetzt also nicht mit letzter Sicherheit sagen, wie das Element dann heißt. Das macht aber nichts, denn mit Ununoctium sind wir erst einmal auf der sicheren Seite. Und man ist sich übrigens auch noch nicht so sicher, ob der Stoff wirklich Edelgas-Eigenschaften besitzt.

Wo wir gerade bei Edelgas-Namen sind. Radon hat nichts mit *Radom* zu tun, beides gibt es aber in der Physik. Ein Radom ist eine kugelförmige Kuppel, die Radar-Antennen vor Wind und Wetter schützt. Es ist ein Kofferwort, das sich aus »Radar« und »Dome« zusammensetzt, so ähnlich wie Mechatronik, Organigramm und »Der satanarchäolügenialkohöllische Wunschpunsch« von Michael Ende.

Was muss ich beachten, wenn ich eine Neonröhre kaufen möchte? Wie gerade erwähnt, steht der Begriff

»Neon« im allgemeinen Sprachgebrauch für strahlende Farben und leuchtende Röhren und muss nicht zwingend etwas mit dem Edelgas zu tun haben. Sie müssen also aufpassen, wenn Sie zum Beispiel bei Versandhändlern und Auktionsplattformen im Internet nach einer »Neonröhre« suchen: Ihnen werden fast ausschließlich Leuchtstoffröhren angezeigt, manchmal immerhin korrekt mit »Leuchtstoffröhre« betitelt, manchmal aber eben auch schlicht falsch als »Neonröhre«. Für den Naturwissenschaftler besonders haarsträubend lesen sich Angebotsbeschreibungen wie »Neonröhre kaltweiß« oder »Tageslichtlampe Neonröhre«, denn höchstens besonders abgewrackte Gestalten, die in Nachtclubs leben, halten das schummerige Orangerot einer echten Neonröhre für Tageslicht.

Wo findet man das noch? Das Prinzip, das die Neonröhre leuchten lässt, ist von enormer Bedeutung: Elementarteilchen geben Licht ab, wenn sie Energie verlieren. Das nutzen wir nicht nur, um etwas zu beleuchten (das wäre eine unvorstellbare Verschwendung!), sondern um etwas über den Aufbau unserer Welt zu lernen. Denn Atome sind verschieden aufgebaut, und so senden verschiedene Atome verschiedenes Licht aus. Diesen ganz eigenen Fingerabdruck aus Licht nennen Wissenschaftler *Emissionsspektrum*. Die einzelnen Farben im Emissionsspektrum sind genau die *Spektrallinien*, die ich im Kapitel »Der Blitz im Briefumschlag« vorgestellt habe.

Bei der *Flammprobe* halten Chemiker einen unbekannten Stoff in eine Flamme und schließen aus der Flammenfarbe, was sie da gerade verbrannt haben – Kupfer, Calcium, Bor, Lithium … Sie analysieren also das, was sie vom Emissionsspektrum mit bloßem Auge erkennen können. Nachteil ist, dass sie einen Teil des Stoffs, den sie untersuchen wollen, dazu verbrennen müssen, außerdem kann es schwierig sein, die Farbe der Flamme richtig einzuordnen, weshalb man diese Aufgabe, wenn es darauf ankommt, lieber einem präzisen Messgerät überlässt: Mit einem *Spektrometer* können die Farben und Intensitäten in einem Lichtspektrum detailliert untersucht und vermessen werden. Es findet auch in der Astrophysik Anwendung: Physiker können aus dem charakteristischen Leuchten eines planetarischen Nebels oder eines Sterns Rückschlüsse darauf ziehen, aus welchem Gas er besteht. Und Biophysiker nutzen das typische Leuchten bestimmter Eiweiße, um damit andere Eiweiße in lebendem Gewebe einzufärben und ihre Bewegung zu verfolgen.

Machtkampf in der Flasche

Wie entstehen die Töne beim Blasen über eine Flasche?

Mit einer einfachen Flasche können Sie ein fundamentales Gesetz der Strömungslehre in Aktion erleben und außerdem Musik machen.

Das Experiment: Pusten Sie über die Öffnung einer halb vollen Flasche. (Das Wort »Öffnung« gibt Ihnen einen Hinweis darauf, dass die Flasche für das Experiment nicht verschlossen sein sollte.) Leeren Sie die Flasche (hier lässt Ihnen die Physik gestalterischen Freiraum) und pusten Sie noch einmal.

Was Sie hören: Die Flasche zeigt eine ungeahnte Eignung als Flöte und gibt einen Ton von sich. Bei der leeren Flasche ist er tiefer als bei der halb vollen. (Wenn Sie etwas exaktere Messresultate bevorzugen, können Sie die Tonhöhe von Ihrem Smartphone bestimmen lassen, es gibt kostenlose Stimmgerät-Apps.)

Was da vor sich geht: Der Flötenton der Flasche entsteht durch eine physikalische Kettenreaktion. Sie nimmt ihren Anfang, wenn Sie über die Flaschenöffnung pusten, denn das erzeugt in der Luft über der Flasche einen kleinen Unterdruck. Dahinter steckt ein fundamentales Prinzip in der Strömungslehre, das *bernoullische Gesetz*: Überall dort, wo Gase oder Flüssigkeiten schnell strömen, ist der Druck gering. Wenn

109

Sie über die Flaschenöffnung pusten, die Luft hier also schnell strömen lassen, senken Sie den Druck, und durch diesen Unterdruck wird die Luft, die in der Flasche steht, nach oben gesaugt.

Natürlich nicht so lange, bis die Flasche komplett luftleer ist (dazu müssten Sie geradezu abartig stark pusten), sondern so lange, bis der Sog nach oben nicht mehr gegen den dann entstehenden *Unterdruck* ankommt, der die Luft nach unten zieht. Dann sackt die ganze Luftsäule wieder zurück in die Flasche. Durch den gepusteten Luftstrom wird sie jedoch sofort wieder angehoben, fällt wieder in sich zusammen, wird wieder angehoben und so weiter. Saugkraft und Unterdruck liefern sich einen erbitterten Machtkampf in der Flasche, allerdings ist es ein ebenbürtiger und so gesehen auch langweiliger Kampf, denn keine der beiden Kräfte wird irgendwann stärker oder schwächer. (Wenn sich plötzlich der maximal erreichbare Unterdruck in der Flasche änderte, hätten wir übrigens größere Probleme als Ihr Flötenkonzert. Wenn sich die Saugkraft Ihrer Puste ändert, ist es vergleichsweise egal.) Zwar können sowohl die Saugkraft als auch der Unterdruck bei diesem Tauziehen gelegentlich einen kleinen Gewinn für sich verbuchen, aber beide können ihn höchstens für eine kurze Weile halten. Die Luftsäule in der Flasche wird also von Unterdruck und Saugkraft hin und her gezogen, sie hüpft regelmäßig auf und ab, das heißt, sie *schwingt,* und zwar mehrere Hundert Mal pro Sekunde, und das hören wir schließlich als *Ton,* denn nichts anderes ist *Schall*: eine Schwingung von Druck und Dichte in der Luft.

Wenn die Flasche leer ist, ist mehr Platz für die Luftsäule. (Manchmal ist Physik nicht schwer!) Die Luftsäule kann sich also weiter ausbreiten, entsprechend wird auch die Luftwelle, die in der Flasche hin und her schwingt, länger, und je länger eine Schallwelle ist, desto tiefer ist der Ton, den wir hören. Deshalb klingt die leere Flasche tiefer. Diesen Zusammenhang

kennt man von einer Kirchenorgel: Kurze Pfeifen machen hohe Töne, lange Pfeifen tiefe.

Wieso nimmt der Druck ab, wenn Luft schnell strömt?

Die schnelle Antwort ist: Das besagt halt das bernoullische Gesetz. Für einige Wissenschaftler reicht diese Erklärung wahrscheinlich völlig aus, denn sie denken sich: »Wenn der Name ›Bernoulli‹ draufsteht, wird es schon stimmen, und wahrscheinlich ist es auch sehr kompliziert, also frage ich lieber nicht nach Details.« Zu Recht, denn ob die Bernoullis eine schrecklich nette Familie sind, weiß ich nicht, aber auf jeden Fall sind sie eine Familie von schrecklich vielen Gelehrten, vor allem haben zwei Bernoullis im 17. und 18. Jahrhundert bedeutende Beiträge zur Mathematik und Physik geleistet und hier und dort ihren Namen hinterlassen, unter anderem hat Daniel Bernoulli den Zusammenhang zwischen Fließgeschwindigkeit und Druck entdeckt, den wir heute ihm zu Ehren »Bernoullisches Gesetz« nennen.

Eine etwas befriedigendere Erklärung, besonders für alle, die beim Namen eines bedeutenden Wissenschaftlers nicht gleich ehrfürchtig aussteigen, ist folgende: Energie kann nicht plötzlich entstehen oder verloren gehen. Diese sogenannte *Energieerhaltung* kann man überall beobachten, weshalb sie eines der grundlegenden Prinzipien schlechthin in allen Naturwissenschaften ist. Wenn es so aussieht, als würde Energie verschwinden, nimmt sie immer nur eine andere Form an, und wenn es so aussieht, als würde sie zunehmen, dann muss sie dafür woanders abnehmen. Das gilt auch für Gase: Wenn ein Gas schnell strömt, nimmt die Bewegungsenergie zu, dafür muss sie woanders abnehmen, und das macht sie beim Druck. Eine schnellere Strömung sorgt also für einen geringeren Druck.

Wenn Sie es genauer wissen wollen:

Ich habe das Flaschenkonzert mit zwei verschiedenen Flaschen ausprobiert und jeweils die Tonhöhe gemessen. Eine halb volle, etwas bauchige Ein-Liter-Flasche hat einen Ton von 230 Hertz produziert, nach dem Ausleeren waren es 210 Hertz. Zum Vergleich habe ich auf einer leeren, schlanken Mineralwasserflasche gespielt, die ebenfalls einen Liter fasst; hier hat das Messgerät 130 Hertz angezeigt.

Die Einheit *Hertz* gibt die Anzahl von *Schwingungen pro Sekunde* an. Sie ist nach dem berühmten deutschen Physiker Heinrich Hertz benannt, der 1886 zeigte, dass sich *Radiowellen* und *Lichtwellen* gleich verhalten. Tatsächlich sind sie gewissermaßen gleich: Beides sind *elektromagnetische Wellen*. Bei einer gewöhnlichen Schallwelle schwingt Luft ein paar Hundert Mal pro Sekunde; wenn es genau 440 Schwingungen pro Sekunde sind, hören wir den *Kammerton a*. Bei Radiowellen schwingen ein elektrisches und ein magnetisches Feld, etwa 100 Millionen Mal pro Sekunde; wenn es genau 88,8 Millionen Schwingungen pro Sekunde sind, dann hören Sie nichts, denn elektromagnetische Wellen in diesem Bereich können wir mit unserem Körper nicht empfangen. Aber wenn Sie sich in Nordrhein-Westfalen befinden und ein Radio einschalten, das auf diese Frequenz eingestellt ist, hören Sie den Westdeutschen Rundfunk.

Es klingt eigenartig, aber wir können mit unserem Körper tatsächlich auch elektromagnetische Wellen empfangen, gerade das ist ja das Bahnbrechende an den Untersuchungen von Heinrich Hertz: Lichtwellen sind das Gleiche wie Radiowellen, nämlich elektromagnetische Wellen, sie schwingen nur schneller, nämlich etwa 500 Billionen Mal pro Sekunde. Diese schnellen Schwingungen, diese Art von elektromagnetischer Strahlung, können wir empfangen: mit unseren Augen. Wir sehen sie. Es ist Licht, es sind Farben. Ohne diese elektromagnetische Strahlung sähen wir kein Fußball und kein Lächeln, keinen Sonnenaufgang, keinen Sonnenuntergang. Alle Kinos könnten zumachen.

Apropos Kammerton: Dass verschiedene Musiker ihre Instrumente auf denselben Ton stimmen, hat nicht von der Hand zu weisende Vorteile. Genauso praktisch ist, dass sich die Musiker nicht spontan auf der Bühne verständigen, welcher das denn jetzt gerade mal sein soll, sondern es vorher festlegen, vor allem für Klavierspieler, die sonst bei jedem neuen Zusammenspiel alle ihre Tasten umstimmen müssten, was den Spaß am gemeinsamen Musizieren sicher trübte. Dass dieser Ton, auf den sich die Musiker geeinigt haben, genau 440 Hertz hat, also der Ton ist, bei dem die Luft 440 Mal pro Sekunde hin und her schwingt, hat jedoch keine deutlichen Vorteile, sondern ist mehr oder weniger willkürlich gewählt. (Die Einschätzung, dass es mehr oder weniger willkürlich ist, bleibt aber bitte unter uns, denn Musiker haben sich jahrhundertelang darüber gestritten, ob es nun 409, 432, 435 oder 461 Hertz sein sollen. Dass das Freizeichen im Festnetztelefon hingegen mit 425 Hertz aus dem Hörer tutet, kann man nur so erklären, dass bei der Deutschen Telekom offenbar jemand Musiker ärgern möchte.)

Wo findet man das noch? Bei einer Schallwelle schwanken nicht nur Druck und Dichte in der Luft, sondern auch die *Temperatur*. Bei Geräuschen im Alltag ist der Effekt so winzig, dass wir ihn nicht bemerken, selbst auf dem dröhnendsten Rockkonzert direkt vor den Boxen. Aber unter anderen Rahmenbedingungen – erhöhter Luftdruck und besonders intensive Schallwellen – tritt er deutlich hervor, und Wissenschaftler erforschen, wie man ihn nutzen kann, um mit Schallwellen Wärme von einem Ort an einen anderen zu pumpen. Das ist etwas kompliziertere Physik als ein Flötenkonzert.

Nebel im Milchglas

Warum tauchen Dinge
im Nebel so plötzlich auf?

Wer bei dichtem Nebel spazieren geht, sieht wenig. Die Welt liegt verborgen hinter einem trüben, weißen Schleier, nur hier und da taucht jäh ein Baum oder ein Haus auf. Es ist gespenstisch: Dinge, die wir sonst schon von Weitem gesehen hätten, erscheinen im Nebel erst spät und praktisch wie aus dem Nichts. Hinter dem plötzlichen Erscheinen steckt jedoch nichts Unheimliches, sondern ein physikalisches Gesetz, das sich auch in einem Glas Milch zeigt.

Das Experiment: Gießen Sie Milch in ein Glas und halten Sie eine Gabel von innen an die Glaswand. Beobachten Sie die Gabel von der Seite und bewegen Sie sie langsam von der Glaswand weg in Richtung Glasmitte. Probieren Sie verschiedene Positionen aus, wie Sie die Gabel an die Wand halten – mit der ganzen Breite flach aufliegend, mit der Seitenkante oder nur mit den Zacken, als wollten Sie das Glas von innen aufspießen.

Was Sie sehen: Von der Gabel recht wenig. Nur der Teil, der sich an das Glas schmiegt, schält sich aus dem Weiß der Milch heraus und ist schemenhaft zu erkennen. Wenn Sie die Gabel mit der Seitenkante an die Glaswand drücken, erscheint außen beispielsweise nur der Strich dieser Kante, dem man nicht ansieht, dass sich dahinter noch eine ganze Gabel versteckt. Und wenn Sie von innen die Zackenspitzen an das Glas halten, sehen Sie außen bloß Punkte. Letztlich ist es egal, wie Sie die Gabel halten: Sobald Sie sie auch nur ein winziges Stück von der Glaswand wegbewegen, taucht das bisschen, das Sie gesehen haben, schlagartig im Weiß der Milch ab, und die Gabel ist überhaupt nicht mehr zu sehen.

Was hier vor sich geht: Licht wird bei seiner Reise durch Milch *abgeschwächt*. Die Lichtstrahlen schaffen es kaum durch die Milch hindurch, sodass sich die Gabel, sobald sie auch nur ein kleines bisschen tiefer eintaucht, schlagartig unseren Blicken entzieht und im Weiß der Milch untergeht.

Das, was Lichtstrahlen widerfährt, wenn sie auf Milch treffen, nennt man *Streuung*. Sie fliegen nicht mehr geradeaus weiter (wenn sie das täten, wäre Milch durchsichtig), sondern ändern ihre Richtung, und zwar schon auf den ersten Bruchteilen eines Millimeters. Selbst wenn sich die Gabel an die Innenseite des Glases schmiegt, ist sie nur in Schemen zu erkennen, denn alle Lichtstrahlen kommen vom Weg ab, bevor sie sich tiefer in die Milch hineinkämpfen und den Rest der Gabel erreichen können (und zurück müssen sie auch noch, wenn wir die Gabel sehen wollen). Das bedeutet, dass der Rest der Gabel für uns unsichtbar ist, denn um ihn sehen zu können, müssten Lichtstrahlen von der Gabel in Ihr Auge gelangen, und da macht ihnen – ebenso wie Ihnen – die Milch einen Strich durch die Rechnung. Wenn Sie die Gabel auch nur ein kleines Stückchen von der Glaswand abziehen, schafft es keine einzige Lichtwelle mehr, geradewegs durch die Milch hindurch bis zur Gabel vorzudringen und zu Ihnen zurückzukehren, und die Gabel verschwindet vor Ihren Augen. Alles, was Sie sehen, ist weißes *Streulicht*, Licht, das aus irgendeiner Richtung auf die Milch trifft, abgelenkt wird und nun zufällig in Ihr Auge fällt.

Wenn etwas nicht durchsichtig ist, ist das erst einmal nicht spektakulär, eindrucksvoll ist hier jedoch, dass die Milch anfangs schon ein bisschen durchsichtig ist, diese Durchsichtigkeit aber schlagartig abnimmt: Wenn Sie die Gabel in Richtung Glasmitte verschieben, wird sie nicht immer blasser und blasser, sondern ist auf einmal scheinbar verschwunden. Die *Durchlässigkeit* der Milch nimmt jedoch nicht wirklich sprunghaft ab, sondern ganz gleichmäßig, allerdings *exponentiell*. Was das genau bedeutet, ist für den Alltag nicht von Belang, es reicht zu wissen, dass die Durchlässigkeit rasant in den Keller geht: Bei doppelter Entfernung ist die Sicht nicht doppelt so schlecht, sondern dramatisch schlechter. Dieses plötzliche Verschwinden kommt Ihnen vielleicht bizarr vor, aber es ist ganz normal, Strahlung verhält sich eben so, wenn sie durch etwas hindurch möchte, und man kann es sich sogar anschaulich klarmachen: Auf dem ersten Stück des Weges lenkt die Milch, sagen wir, die Hälfte der Lichtstrahlen weg, auf dem zweiten Stück noch mal die Hälfte, auf dem dritten Stück noch mal die Hälfte und so weiter. Nach drei Wegstücken hat die Milch die Menge der Lichtstrahlen also drei Mal halbiert, das bedeutet, dass nur noch ein Achtel der Strahlen auf Kurs ist.

Je tiefer Lichtstrahlen in einen Stoff eindringen, der sie schluckt oder ablenkt, desto mehr *Intensität* verlieren sie. Wie viel genau sie einbüßen, beschreibt das *lambert-beersche Gesetz*, das eigentlich bouguer-lambert-beersches Gesetz heißen müsste, weil der französische Physiker Pierre Bouguer es schon 30 Jahre früher aufgeschrieben hat als sein schweizerischer Kollege Johann Heinrich Lambert. Aber Naturwissenschaftler nehmen es da nicht so genau: Wenn sie sich erst einmal an einen Fachbegriff gewöhnt haben, lassen sie ihn sich von einem ollen Historiker nicht madig machen, der da irgendwelche Spitzfindigkeiten zur Entstehungsgeschichte ausgegraben hat. (Falls Sie sich jetzt allerdings noch fragen, was »Beer« mit dem lambert-beerschen Gesetz zu tun hat: Der deutsche Physiker August Beer erweiterte das Gesetz und brachte noch die Konzentration des zu durchleuchtenden Stoffes mit ins Spiel.)

Was bedeutet »exponentiell«? Eben habe ich unter den Tisch gekehrt, was es genau bedeutet, dass die Intensität der Strahlung *exponentiell* abnimmt, aber so kompliziert ist es gar nicht. Vielleicht ist Ihnen der Begriff hier und da auch schon mal begegnet, denn vieles in Natur und Technik wächst exponentiell oder nimmt exponentiell ab. Es bedeutet lediglich, dass sich eine bestimmte Größe innerhalb eines Zeitabschnitts oder Wegstücks immer um einen gleichen Faktor verändert, also zum Beispiel immer halbiert oder immer verdreifacht. (Fragen Sie aber lieber keinen Mathematiker danach, denn obwohl es sich so simpel anhört, besitzen solche exponentiellen Vorgänge eine Vielzahl hoch spannender, aber eben auch nicht ganz einfacher mathematischer Eigenschaften.)

Bei einem *radioaktiven Zerfall* zum Beispiel zerfällt innerhalb einer bestimmten Zeit die Hälfte der vorhandenen Atomkerne, deshalb ist es ein exponentieller Vorgang. Beim radioaktiven Zerfall, bei dem ein Stoff mit der *Zeit* abnimmt, spricht man von *Halbwertszeit*; bei unserem Milchglas und in ähnlichen Situationen, bei denen Strahlung entlang eines Wegs durch eine Schicht abnimmt, von *Halbwertsschicht*.

Wo findet man das noch? Das lambert-beersche Gesetz spielt nicht nur im Nebel und im Milchglas eine wichtige Rolle, sondern auch bei der *Computertomografie*. Hier bewegen sich nicht Lichtstrahlen durch Milch, sondern *Röntgenstrahlen* durch den Körper, aber auch hier werden die Strahlen auf ihrem Weg durchs Gewebe abgeschwächt, es ist im Prinzip das Gleiche.

Dass ein CT Bilder aus dem Inneren des Körpers liefert, ist seit etwa 1970 nichts Besonderes mehr, aber immer noch erstaunlich. *Röntgenlicht* wird bei seinem Weg durch den Körper abgeschwächt – generell nach dem lambert-beerschen Gesetz, konkret aber unterschiedlich stark, je nachdem, ob gerade ein Knochen im Weg ist oder nur ein Organ. Wenn man den

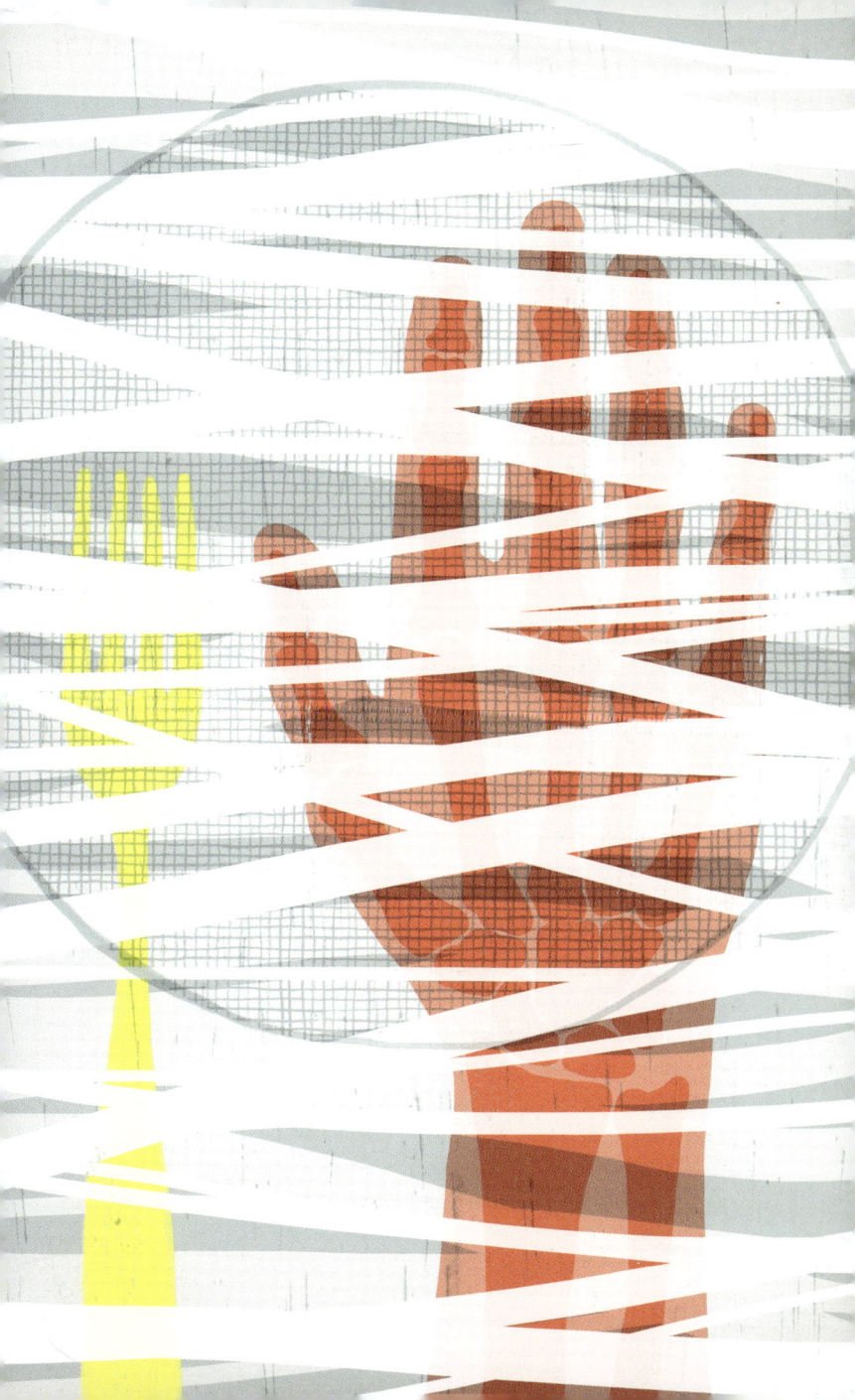

Röntgenstrahl an einer Seite in den Körper hineinschickt, kommt er auf der anderen Seite abgeschwächt wieder heraus; daraus kann man noch nichts schließen, denn die Abschwächung kann durch alles Mögliche verursacht worden sein. Doch schickt man viele verschiedene Strahlen in unterschiedlicher Richtung durch den Körper und notiert jeweils, wie sie abgeschwächt wurden, kann man durch geschicktes Vergleichen und Kombinieren die innere Struktur des Körpers rekonstruieren – an welcher Stelle im Körper wurde der Röntgenstrahl wie stark abgeschwächt? –, so ähnlich wie man sich bei einem Sudoku die Ziffer in einem Kästchen erschließt, indem man die zugehörige Zeile und die zugehörige Spalte analysiert. Dieses komplexe Zurückrechnen klappt beim CT gut (sonst würde man es in der Medizin wohl nicht so gern einsetzen), ist in vielen anderen Bereichen aber noch eine Herausforderung für Wissenschaftler.

Zum Beispiel in der Astronomie: Das Problem, dass man aus gesammelten Informationen Rückschlüsse darauf gewinnen will, wie sie im Einzelnen entstanden sind, kommt in vielen Bereichen vor, so auch in der Astronomie, wenn Fotos von Sternen und Galaxien verschmiert sind, weil das Licht beim Weg durch das Teleskop gebeugt wurde.

Beugung ist eine etwas windige Eigenschaft von Wellen: Treffen sie auf bestimmte Hindernisse, werden sie ein bisschen abgelenkt, sie beugen sich praktisch um die Kante und gelangen so auch in Bereiche, die eigentlich im Schatten des Hindernisses liegen. Wenn sich Lichtwellen um die Ecke lehnen und sich deshalb in eine andere Richtung ausbreiten als zuvor, können sich Teile der Wellen *überlagern* und sich dabei *verstärken* oder *auslöschen*. Das macht sich bemerkbar: Wenn Licht zum Beispiel durch ein winziges Loch auf eine Leinwand projiziert wird, sehen wir kein scharfes Bild des Lochs, sondern ein Muster aus Lichtringen, eine sogenannte *Beugungsfigur*. In einem Teleskop, wenn Licht durch Blenden, über Spiegel und durch Linsen

wandert, sorgt die Beugung unterwegs dafür, dass das Bild verschmiert – die Punkte des Originals können eben nicht scharf
als einzelne Punkte abgebildet werden. Man kann diese Effekte
aber wieder herausrechnen und das Originalbild rekonstruieren. Solche Situationen, bei denen man nicht das Ergebnis eines
Experiments berechnen möchte, sondern aus dem Ergebnis das,
was dazu geführt hat, nennt man *Inverse Probleme*. Inverse Pro-
thesen sind etwas anderes, es gibt sie aber auch.

Und jetzt schließt sich der Kreis: Inverse Probleme
sind ein Teilgebiet der Mathematik. Früher waren Physiker oft
auch Mathematiker, schlicht weil sie beim Erforschen eines Na-
turphänomens irgendetwas Kompliziertes berechnen mussten,
was noch keiner gemacht hatte und wozu es auch noch keine
Rechentechniken gab. So war auch eben erwähnter Johann Heinrich Lambert vom lambert-beerschen Gesetz Mathematiker,
und er leistete auch einen bedeutenden Beitrag zur Erforschung
der berühmten *Kreiszahl Pi* beziehungsweise π.

Darum geht es: Nehmen Sie einen beliebigen Kreis und teilen Sie seinen Umfang durch seinen Durchmesser. Das, was Sie
erhalten, wenn Sie nicht runden oder sich vertun, ist immer
dieselbe Zahl, ganz gleich wie groß der Kreis ist. Diese mysteriöse Zahl, die in jedem Kreis steckt, nennen wir *Pi*. Pi hat
Menschen jahrhundertelang beschäftigt, und es gibt zahlreiche
Bücher über ihre Geschichte und ihre obskuren Eigenschaften.
(Keine Angst, dieses Kapitel ist gleich zu Ende, ich möchte hier
nur schnell eine fundamentale Eigenschaft dieser Zahl vorstellen, die Johann Heinrich Lambert herausgefunden hat.) Der
Wert von Pi ist etwa 3,142857…, und in diesen drei Punkten steckt das Faszinierende: Lambert konnte mathematisch
beweisen, das heißt logisch wasserdicht argumentieren, dass es
keine Stelle gibt, ab der sich die Nachkommastellen von Pi nur
noch wiederholen. π ist eine sogenannte *irrationale Zahl*, der
wir mit einer Abfolge unserer Ziffern 0, 1, 2, 3, 4, 5, 6, 7, 8

und 9 nur nahekommen, aber wir werden sie niemals exakt angeben können, eben weil die Nachkommastellen immer wieder Überraschungen bereithalten. Wir können π auch nicht als Bruch a/b zweier natürlicher Zahlen a und b schreiben. π entzieht sich unserer alltäglichen Zahlenwelt.

Das ist aber nicht tragisch, denn im Alltag braucht man π nicht; es kann sich gern entziehen. Wenn Sie π mal brauchen sollten, reicht es in der Regel zu wissen, dass π etwa 3,14 beträgt. Oder, wenn Sie es noch genauer haben wollen, 22/7. (Das ist nur etwa 0,04 % zu groß.)

Partytipp: Feiern Sie doch am 14. März mal den Pi-Tag (der in der amerikanischen Art, das Datum zu notieren, am 3/14 stattfindet). Oder seien Sie ein besonders nerdiger Nerd und feiern Sie am 22. Juli den Pi-Annäherungstag (nicht, weil das in der Nähe des 14. März liegt, das tut es nämlich nicht, sondern weil man den Wert der Zahl π mit dem Bruch 22/7 annähern kann).

Doppelt so warm ist halb so kalt?

Wieso sind 40 Grad nicht doppelt so warm wie 20 Grad?

Wenn Ihnen Freunde aus dem Urlaub eine Postkarte schicken und schreiben, bei ihnen sei es gerade doppelt so warm wie zu Hause, sollten Sie nicht neidisch sein, sondern Mitleid haben: Ihre armen Freunde sind offenbar verbrannt. Allerdings, und das sollten Sie ihnen hoch anrechnen, haben Sie es noch geschafft, Ihnen dabei ein paar Zeilen zu schreiben.

Das Experiment: Fällt heute leider aus.

Was hier vor sich geht: 40 Grad sind nicht doppelt so warm wie 20 Grad. Halten Sie mich bitte nicht für verschroben, zumindest nicht für zu sehr, aber so verwunderlich es auch klingt – es stimmt. Mit Temperaturen rechnet es sich anders, auf eine ganz ungewohnte Art und Weise: Doppelt so warm wie 20 Grad Celsius sind 313,15 Grad Celsius. Ein passendes Experiment, anhand dessen Sie diese absurde Behauptung nachvollziehen können, kann ich Ihnen leider nicht bieten, denn was dahintersteckt, ist Hardcore-Physik und hat mit so extremen Situationen zu tun, dass wir ihnen im Alltag schlicht nicht begegnen. Sie müssen es mir einfach glauben.

Wenn wir uns über Temperaturen unterhalten, benutzen wir die Einheit *Grad Celsius*, eine überaus praktische Skala. Schließlich spielt sich das meiste, was wir im Leben erfahren, irgendwo zwischen eiskalt und kochend heiß ab, zwischen –30 Grad im harten Winter und 300 Grad beim Pizzabacken im Ofen, und all das wird durch die Celsius-Skala abgedeckt, ohne dass wir mit gigantischen Zahlen hantieren müssen. Allerdings ist die Celsius-Skala für die Frage, wie warm »doppelt so warm« ist, nicht geeignet.

Das liegt nicht so sehr an der Celsius-Skala wie an der Frage. Sie wirkt unscheinbar, beinhaltet aber eine Grundfrage der Physik. Wenn man herausfinden will, wie warm »doppelt so warm« ist, muss man erst einmal wissen, was »warm« überhaupt bedeutet. Das heißt, man muss die Frage beantworten: Was ist Temperatur? Spätestens wenn Sie sich vor Augen führen, wie unterschiedlich Menschen Hitze oder Kälte empfinden, ahnen Sie, dass Physiker, wenn sie sich über Temperatur unterhalten und sie untersuchen wollen, eine Definition brauchen, die nichts mit Schwitzen und Schlottern zu tun hat, sondern die einheitlich und objektiv ist. Die gute Nachricht ist: Sie haben eine gefunden. Die schlechte Nachricht ist: Im Alltag ist sie völlig unbrauchbar.

In der Physik ist die *Temperatur* eines Stoffes im Wesentlichen die Bewegung seiner Teilchen (genauer gesagt: ihre mittlere *kinetische Energie*). Je mehr die Atome in einem Stoff in Bewegung sind, desto heißer ist er, und je weniger sich die Atome bewegen, desto kälter. So weit, so gut.

Nun ist allerdings noch die Frage, welche Zahl man an eine Temperatur beziehungsweise an eine Teilchenbewegung schreibt. Wann hat eine Temperatur den Wert 20? Wann 200? Und wann 2000? Dazu haben sich die Physiker Folgendes überlegt: Temperatur ist Teilchenbewegung, und Teilchenbewegung hat eine Untergrenze. Irgendwann stehen die Moleküle theoretisch völlig still – weniger Bewegung ist nicht möglich –, und dieser Zustand markiert für Physiker den *absoluten Nullpunkt*, von dem aus sie Temperaturen messen. Das ist ein plausibler und geeigneter Referenzpunkt. Er liegt bei –273,15 Grad Celsius. Hier, an diesem theoretischen Punkt, einem Punkt von so unvorstellbarer Kälte, dass bis hinunter zum kleinsten atomaren Teilchen wirklich alles festgefroren ist, beginnt für Physiker das Thermometer.

Um damit Temperaturen angeben zu können, müssen wir jetzt allerdings noch wissen, wie groß die Schritte auf diesem Physiker-Thermometer sind. Das ist nicht weniger kurios: Physiker haben sich darauf geeinigt, dass es genau 273,16 Schritte bis zum *Tripelpunkt* von Wasser sein sollen. Das klingt abstrus, aber beides – die Anzahl von 273,16 Schritten und dieser ominöse Tripelpunkt – ist eine sinnvolle Wahl, um festzulegen, wo außer beim absoluten Nullpunkt Striche auf das Thermometer gezeichnet werden sollen. Der *Tripelpunkt* von Wasser ist ein exotischer Zustand, der sich nur bei einer ganz bestimmten Temperatur und einem ganz bestimmten Druck zeigt und bei dem sich Wassereis, Wasserflüssigkeit (also Wasser) und Wasserdampf genau die Waage halten. Alle drei *Phasen* kommen gleichzeitig vor, keine wächst auf Kosten einer anderen, keine schrumpft zugunsten einer anderen, sondern sie gleichen sich in einer geheimen, harmonischen Choreografie permanent gegenseitig aus: Dampf kondensiert, Wasser gefriert, Eis verdampft, Dampf wird zu Eis, Eis schmilzt, Wasser verdunstet. Das alles geschieht gleichzeitig. Der Tripelpunkt oder auch *Dreiphasenpunkt* ist für uns zwar etwas Skurriles, aber er bringt einen unschätzbaren Vorteil mit, wenn es darum geht, eine Temperatur zu definieren: Er ist immer gleich. Eigentlich klingt es handlicher, als Bezugspunkt für eine Temperaturskala den *Schmelzpunkt* von Wasser zu nehmen, also den Punkt, an dem Eis schmilzt, oder den *Siedepunkt* von Wasser, den Punkt, an dem Wasser kocht – also etwas, das man auch im Alltag kennt und mal eben schnell in der Küche bestimmen kann –, aber wenn man das macht, stößt man auf ein blödes Problem: Beide, Schmelzpunkt und Siedepunkt, sind vom *Druck* abhängig. Wenn man nun also genau bei der Temperatur, bei der Wasser siedet, einen Strich auf dem Thermometer machen möchte, muss man noch dazuschreiben, bei welchem Druck man das Wasser erhitzt hat, und je nachdem, wo man sich befindet und wie das Wetter ist, zum Beispiel oben auf dem Berg oder unten im Tal, ist der mal höher und mal niedriger – und damit auch die Siedetemperatur. Das ergibt ein wirklich blödes Thermometer! Der Tripelpunkt hingegen ist immer gleich, egal wo man sich befindet, denn er zeigt sich nur bei exakt einer einzigen Temperatur bei exakt einem einzigen Druck (nämlich, falls es Sie interessiert, bei 6,11657 Millibar und 0,01 Grad Celsius). Der Tripelpunkt von Wasser markiert neben dem Nullpunkt also den zweiten Punkt auf dem Thermometer, und dazwischen machen Physiker 273,16 Striche und sind fertig.

(Wenn Sie wie ein Naturwissenschaftler denken, wollen Sie sich vielleicht gerade beschweren, dass ich eine Hürde verschwiegen habe und wir uns zu früh freuen. Ich gestehe, dass ich tatsächlich ein Problem unter den Tisch habe fallen lassen. Wenn man den Tripelpunkt von Wasser als Referenzpunkt benutzen will, muss man sich noch damit herumschlagen, was man eigentlich mit »Wasser« meint: einen Schluck aus dem Bodensee, einen Tropfen aus dem Wasserhahn, Regen, geschmolzenes Gletschereis oder was? Aber auch das haben Physiker geklärt und eine genaue Definition vorgelegt, was sie mit »reinem Wasser« meinen. Es ist kein edles Tafelwasser und auch nicht das, was aus dem Hahn kommt, sondern beruht auf gemischten und destillierten Wasserproben aus verschiedenen Ozeanen. Was es exakt ist, ist knifflig, es reicht zu wissen, dass es überaus pures und für unsere Erde ganz übliches Wasser ist. Die Frage ist also geklärt, und Sie können sich beruhigt zurücklehnen. Das Thermometer ist fertig!)

Das ganze Physiker-Thermometer klingt grotesk und weltfremd, geradezu fantastisch, aber es ist sinnvoll. Die Festlegung des Nullpunkts auf den theoretischen Punkt, an dem keinerlei Molekularbewegung mehr geschieht, ist aus wissenschaftlicher Sicht vernünftig. Wasser ist ein bedeutender und allgegenwär-

tiger Stoff auf unserem Planeten, seinen Tripelpunkt als zweite Markierung zu wählen ist ebenfalls klug. Und dass die Skala vom absoluten Nullpunkt bis zum Tripelpunkt von Wasser gerade 273,16 Schritte macht, klingt absurd, aber ist ungemein praktisch: So wird sichergestellt, dass die Schritte auf dem Physiker-Thermometer genauso groß sind wie die Schritte auf dem guten alten Celsius-Thermometer. Physiker messen die Temperatur in der Einheit *Kelvin*, wir im Alltag in der Einheit *Grad Celsius*, und die Umrechnung ist deshalb erstaunlich einfach: 0 Kelvin sind 273,15 Grad Celsius, und ein Temperaturunterschied von einem Kelvin ist genauso groß wie ein Temperaturunterschied von einem Grad Celsius. Dafür hat sich die Mühe mit der verschrobenen Definition gelohnt.

Was sind also zwei mal 20 Grad? Das Doppelte von 20 Grad sind 40 Grad. Was auch sonst? Aber 40 Grad sind nicht »doppelt so warm« wie 20 Grad, denn doppelt so warm bedeutet doppelt so viel Teilchenbewegung, und die ist mit der Celsius-Skala nicht erfasst, die (willkürlich, wenn auch nicht ungeschickt) durch den Gefrier- und den Siedepunkt von Wasser festgesetzt ist und dazwischen (willkürlich, jetzt aber ohne einen naturgegebenen Grund) 100 Schritte macht. Man muss stattdessen die Temperatur auf der Kelvin-Skala verdoppeln, die um 273,15 Schritte verschoben ist. Also: 20 Grad Celsius entsprechen 273,15 + 20 Kelvin, das verdoppelt ergibt 586,30 Kelvin, und das wiederum sind 586,30 – 273,15 = 313,15 Grad Celsius. Denken Sie beim Schreiben der nächsten Urlaubskarte daran, man könnte Sie sonst für verbrannt halten!

Was sagt mir diese obskure Zahl? Doppelt so warm wie 20 Grad Celsius sind 313,15 Grad Celsius, und das sagt Ihnen, dass 20 Grad Celsius bereits unheimlich warm sind, verglichen mit dem absoluten Nullpunkt. Es sagt Ihnen auch, dass wir in unserem Alltag überhaupt keinen Begriff davon haben, was »doppelt so warm« bedeutet. Dass unsere Celsius-Skala bei der Frage wirklich keine Hilfe ist, können Sie sich leicht vor Augen führen: Was ist doppelt so warm wie 0 Grad? Auch null Grad, da zwei mal null immer noch null ist? Sie merken, dass da was nicht stimmt. Die Celsius-Skala misst die Temperatur, aber zum Vergleichen von Temperaturverhältnissen – das heißt bei Fragen, wie viel »doppelt« oder »halb« so viel Temperatur ist – ist sie nicht geeignet.

Was passiert, wenn ich Wasser doppelt so stark erhitze? Wenn Sie einen Topf Wasser von 0 auf 20 Grad Celsius erhitzen und einen anderen Topf doppelt so stark, dann hat das Wasser dort 40 Grad Celsius. Hier können Sie rechnen wie gewohnt, denn die *Wärmemenge*, die Sie dem Wasser zuführen, erhöht die Temperatur um eine bestimmte Anzahl Striche auf dem Thermometer, entsprechend erhöht die doppelte Wärmemenge die Temperatur auch um die doppelte Anzahl an Strichen. Sie verdoppeln hier den Zuwachs, was etwas anderes ist, als die Temperatur, die Teilchenbewegung, zu verdoppeln.

Wird das Wasser heiß, wenn ich es schnell durch die Gegend trage? Temperatur ist Teilchenbewegung, habe ich eben behauptet. Könnten Sie also die Temperatur von Wasser erhöhen, indem Sie es schnell durch die Gegend tragen? Zum Glück nicht. Im weitesten Sinne bewegen Sie zwar die Wasserteilchen, aber das, was Physiker mit »Teilchenbewegung« meinen, ist etwas anderes: Sie meinen eine sogenannte *ungeordnete* Bewegung der Teilchen, bei der das eine Teilchen nach links fliegt, das andere nach rechts und sich diese Bewegungen gegenseitig aufheben. Wenn Sie das Wasser durch die Gegend tragen, das heißt alle Teilchen in eine Richtung bewegen, ist das eine *gerichtete* Bewegung, und die zählt nicht. Außerdem ist die sogenannte *thermische Bewegung*, das heißt die ungeordnete Teilchenbewegung, die mit der Temperatur zusammenhängt, wesentlich schneller, als Sie einen Topf durch die Gegend tragen können.

Das, was hier verwirrend ist, ist übrigens nicht die Physik. Was Temperatur ist, ist zwar kompliziert, und die Einheit Kelvin ist für uns ungewohnt, weil wir sie im Alltag nicht benutzen, aber an sich sind sowohl Temperatur als auch Kelvin keine verwirrenden oder widersprüchlichen Konzepte. Das, was uns an der Frage, wie warm »doppelt so warm« ist, irritiert, ist die Sprache. Denn »warm« ist keine präzise Beschreibung eines Zustands, sondern eine Eigenschaft, die vom persönlichen Empfinden und von der konkreten Situation abhängt: Die einen finden einen Frühlingstag bei 20 Grad Celsius warm, andere nicht, hingegen werden wohl die wenigsten Menschen eine Tasse Tee von 20 Grad Celsius »warm« nennen. »Warm« ist also keine handfeste Eigenschaft, sondern bedeutet je nach Situation etwas anderes. Es ist vor allem keine Größe, die man verdoppeln kann: Doppelt so warm wie warm ist immer noch warm. Mit »kalt« ist es das Gleiche, auch mit diesem Begriff kann man nicht rechnen: Ist doppelt so warm halb so kalt? Sie sehen: Das ergibt keinen Sinn.

Im Alltag erfüllen diese Wörter trotzdem einen Zweck, denn im Gespräch über das Wetter oder das Essen interessieren uns keine Zahlen, sondern leicht verständliche Eigenschaften: Wird es morgen warm? Ist die Suppe zu kalt? Probleme tauchen erst auf, wenn man sich nicht über das Essen unterhält, sondern über Naturwissenschaft, denn es ist schwer, Fragen präzise zu diskutieren, wenn man unpräzise Begriffe benutzt. Wir Menschen schaffen das trotzdem ganz gut und verstehen meist, was unser Gegenüber uns fragen und sagen will, und so antworten wir auf Fragen wie »Wie schwer bist du?« mit einer Zahl, obwohl die Frage eigentlich lauten müsste: »Wie ist dein Gewicht?«, oder: »Wie viel Kilogramm wiegst du?« Und wir sagen »Doppelt so warm«, obwohl wir »Doppelte Gradzahl« meinen.

130

Wozu braucht man das? Ein Thermometer, das sinnvoll definiert ist, ist eine praktische Sache. In der Physik werden deshalb alle Temperaturen in der Einheit Kelvin angegeben (außer, wenn man eine Temperatur mit Alltagstemperaturen vergleichen will oder wenn es auf ein paar Hundert Grad nicht ankommt – dann benutzt man auch mal Grad Celsius). Laut »Ausführungsverordnung zum Gesetz über die Einheiten im Messwesen und die Zeitbestimmung« ist Kelvin in Deutschland sogar eine gesetzliche Temperatureinheit. Aber keine Panik, Grad Celsius ist es auch.

Ausbruchshelfer für tiefe Töne

Wieso haben viele Blasinstrumente einen Trichter?

Alles, was wir sehen und hören, hat irgendwie mit Physik zu tun, Physik ist schließlich die Gesetzessammlung, nach der unsere Welt funktioniert. Dennoch verblüfft sie einen immer wieder, wenn sie sich an Orten zu erkennen gibt, an denen man nicht mit ihr gerechnet hätte: zum Beispiel in einem Orchester. Dass Trompete, Horn und Tuba einen Trichter haben, kennt man nicht anders, es ist für uns ganz normal, dahinter aber verbirgt sich eine physikalische Notwendigkeit: Der Trichter ist ein Hilfsmittel, um die Töne aus dem Instrument zu locken.

Das Experiment: Nehmen Sie ein Waldhorn und spielen Sie eine kleine Weise mit möglichst tiefen Tönen. Schrauben Sie dann den Schalltrichter ab und spielen Sie die Weise noch einmal.

Sind Sie musikalisch versiert, nennen Sie den Schalltrichter lieber kultiviert »Schallbecher«? Fragen Sie sich außerdem, ob Sie das Experiment auch mit einem Flügelhorn oder Kornett machen können, weil Sie wissen, dass beide mit dem Horn verwandt sind, obwohl sie wie Trompeten aussehen? Dann sind Sie offensichtlich doch nicht so versiert, denn bei Flügelhörnern und Kornetten kann man den Schallbecher nicht abschrauben. Beim Experimentieren kämen Sie damit also nicht weit.

Oder sind Sie musikalisch gar nicht versiert, besitzen überhaupt kein Waldhorn und kennen niemanden, der eines hat oder spielen kann? Dann behelfen Sie sich mit dem folgenden, in den meisten Orchestern eher vernachlässigten Instrument.

Das Experiment (Heimwerker-Variante): Nehmen Sie ein etwa armlanges Stück Gartenschlauch und befestigen Sie an einem Ende einen möglichst großen Haushaltsstrichter. (Wenn Sie Glück haben, passt er genau in den Schlauch; wenn er etwas zu groß ist, probieren Sie es mit Gewalt. Wenn es trotzdem nicht klappt oder wenn der Trichter zu dünn ist, fixieren Sie ihn mit Klebeband.) Spielen Sie nun auf dem Gartenschlauch eine kleine Weise mit möglichst tiefen Tönen, indem Sie in das trichterlose Ende hineinhupen. (»Hineinhupen« ist höchstwahrscheinlich nicht der korrekte Fachausdruck in der Musikwissenschaft, aber ich bin mir sicher, Sie wissen, was ich meine, und werden auf dem Gartenschlauch instinktiv richtig spielen.) Ziehen Sie den Trichter ab und spielen Sie die Weise noch einmal.

Was Sie hören: Ohne Trichter klingt das Horn (bzw. der Gartenschlauch) dünn und quäkend.

Was dahintersteckt: Ohne Trichter haben es tiefe Töne schwer, aus dem Instrument herauszukommen. Das Rohrende ist zwar offen, allerdings werden sie hier wie an einer Wand *reflektiert* und laufen zum Bläser zurück. Sie bleiben im Instrument. Mittlere und hohe Töne hingegen schaffen es leichter aus dem Horn heraus. Deshalb klingt es für uns dünn: Ohne Trichter fehlen dem Horn schlicht die Bässe.

Schuld ist der sogenannte *Wellenwiderstand*. Er ist gewissermaßen die Härte, die eine Welle spürt, wenn sie sich in einem Material ausbreiten will. Im Horn hat es die Schallwelle mit zwei Wellenwiderständen gleichzeitig zu tun, mit dem der Luft und dem des Metalls, und weil sich diese beiden Wellenwiderstände stark unterscheiden, breitet sich die Schallwelle im Instrument anders aus als draußen an der freien Luft, wo es kein Metall gibt.

Was im Horn abläuft, ist kompliziert. Es ist ja nicht so, dass die Schallwelle munter durch die Luft fliegt und plötzlich auf eine Wand aus Metall trifft und von ihr abprallt wie eine Wasserwelle im Meer, die auf eine Steilküste schlägt, sondern sie bewegt sich durch die Luft und spürt die Seitenwände des Horns, den runden Metallmantel, der sie umschließt, die ganze Zeit. Am offenen Ende des Rohrs ändert sich die Situation jedoch schlagartig: Das Rohr hört auf, ringsherum ist nur noch Luft. Diese plötzliche, grenzenlose Freiheit wirkt auf die Welle wie eine Wand, an der sie zurückprallt. Man ist fast versucht, eine psychologische Ursache hineinzuinterpretieren, aber es ist tatsächlich reine Mechanik.

Diese Barriere, der plötzliche Übergang vom Rohr zur Luft, macht vor allem großen *Wellenlängen*, das heißt tiefen Tönen, zu schaffen. Ihnen muss man behutsam über die Schwelle zwischen Horn und Umgebungsluft hinweghelfen, und genau das macht der Trichter: Er weitet sich auf eine geeignete Art und Weise aus und passt so den Wellenwiderstand des Instruments langsam an die Welt ringsherum an; Fachleute nennen diesen Vorgang deshalb *Wellenwiderstandsanpassung*. (Idee für ein Physiker-Kreuzworträtsel: »Wellenwiderstandsanpassung mit acht Buchstaben«.)

Der Effekt, dass tiefe Töne im Instrument gefangen bleiben, weil sie der Wellenwiderstand nicht aus dem Rohr herauslässt, ist im Gartenschlauch heftiger als beim Horn. (Falls Sie eben beide Experimente gemacht, also sowohl mit einem Horn als auch mit einem Gartenschlauch musiziert haben, werden Sie das gehört haben.) Das liegt daran, dass der Gartenschlauch dünner ist als das Horn. Das Horn besitzt selbst ohne Trichter

eine fast faustgroße Öffnung und lässt deshalb tiefere Töne eher heraus als der Gartenschlauch.

Wenn tiefe Töne im Horn bleiben, wieso hören wir dann überhaupt etwas, wenn tiefe Töne gespielt werden? Müsste das Horn nicht verstummen, sobald die Töne zu tief werden, um herauszukommen? Theoretisch schon, allerdings gibt ein Horn nicht nur einen einzigen Ton von sich, sondern viele verschiedene Töne gleichzeitig, selbst wenn nur eine einzige Note gespielt wird.

Das klingt paradox, ist es aber gar nicht. Der scheinbare Widerspruch liegt allein daran, dass Musiker und Physiker das gleiche Wort für verschiedene Dinge benutzen: Der Ton eines Horns oder der einer Geige ist für Physiker überhaupt kein Ton. Ein *Ton* ist für Physiker eine einfache, gleichmäßig ablaufende *Schwingung* der Luft, zum Beispiel so etwas wie das Tuten im Telefon. Das hingegen, was aus einer Trompete, einem Cello oder dem Mund eines Sängers herauskommt und in unseren Ohren interessanter als ein Freizeichen klingt, also das, was Musiker einen Ton nennen, ist für Physiker ein *Klang*, eine immer noch ziemlich regelmäßige, sich wiederholende Luft-Schwingung, allerdings ist ihr Muster kein einfaches Auf und Ab mehr wie bei einem reinen Ton, sondern läuft komplexer ab.

Um den Unterschied zwischen einem Physiker-Ton und einem Musiker-Ton deutlich zu machen, spricht man bei einem Ton in streng physikalischem Sinn manchmal auch von einem *reinen Ton*. Man könnte das für eine schmeichelhafte Formulierung halten, die darüber hinwegtäuschen soll, dass reine Töne in unseren Ohren nüchtern klingen und sich niemand ein Konzert aus ihnen anhören würde, ein Konzert nur aus Freizeichen (außer derjenige besitzt einen sehr ausgefallenen Geschmack); es steckt jedoch mehr dahinter, dass man die einfachen Schwingungen »rein« nennt, es ist ein fundamentaler Zusammenhang: Ein Klang setzt sich aus einzelnen (reinen) Tönen zusammen, aus einzelnen einfachen Schwingungen. Je nachdem, welche reinen Töne in welcher Lautstärke zusammenklingen und sich überlagern, ergibt sich ein anderer Klang, ein anderer Charakter. Es ist die Mischung an einzelnen reinen Tönen, in der sich der Klang eines Cellos und der Klang einer Trompete unterscheiden. Töne sind die Bausteine eines Klangs. Wenn einem Horn der Trichter fehlt, bleiben einige dieser Bausteine im Instrument, zurückgehalten vom Wellenwiderstand; dem Horn fehlen in seinem Klangrezept dann einige Zutaten, und der lückenhafte Rest klingt dünn.

Wo findet man das noch? Trichter leisten nicht nur im Orchester treue Dienste als Wellenwiderstandstransformatoren, sondern helfen auch an anderen Orten tiefen Tönen, an unser Ohr zu gelangen: etwa bei Lautsprechern am Bahnsteig, bei Megafonen und bei Signalhupen. Auch ein Grammofon wäre ohne Trichter wahrscheinlich kein Erfolg geworden. Und wenn wir jemandem etwas zurufen wollen, der weit entfernt ist, formen wir instinktiv die Hände zu einem Trichter und legen sie an den Mund, denn wir wissen aus Erfahrung, dass man uns so in großer Entfernung besser versteht.

Jede Art von Welle hat mit Wellenwiderständen zu kämpfen, nicht nur Schallwellen, sondern zum Beispiel auch Wasserwellen, Funkwellen und Ultraschallwellen. Eine Ultraschallwelle zum Beispiel tut sich mit dem Übergang zwischen Wasser und Luft schwer, weil sich die Wellenwiderstände der beiden Stoffe unterscheiden. So wie tiefe Töne nicht aus einem dünnen Rohr herauskommen, sondern reflektiert werden, werden Ultraschallwellen an der Grenze von Wasser und Luft zurückgeworfen. Deshalb schmieren Ärzte Ihnen bei einer Ultraschalluntersuchung ein wasserhaltiges Gel auf den Körper: Es sorgt für einen sanften Übergang der Wellen. Ohne Gel können kleine Luftbläschen zwischen Sonde und Haut den Ultraschall stören und zurückwerfen. Das Gel ist praktisch der Trichter für Ultraschall.

Kristalle in der Jackentasche

Woher nimmt ein Taschenwärmer seine Wärme?

Bei kalten Fingern kann es helfen, in der Jackentasche Kristalle zu züchten. Das klingt kompliziert, und physikalisch gesehen ist es das auch, aber seien Sie unbesorgt, Sie brauchen dazu weder Fachwissen noch ein Labor, sondern bloß einen Taschenwärmer aus der Apotheke oder dem Drogeriemarkt (keinen elektrischen, sondern einen klassisch-chemischen für ein paar Euro). Es ist ein kleiner, etwa handgroßer Plastikbeutel, der mit einer geheimnisvollen Flüssigkeit gefüllt ist. (Wer jetzt denkt: »Wozu brauche ich einen Taschenwärmer? Ich hab doch mein Smartphone!« – bitte ans Ende des Kapitels vorblättern!)

Das Experiment: Nehmen Sie den Taschenwärmer in die Hand und fühlen Sie seine Temperatur und seine Konsistenz. Aktivieren Sie ihn dann, indem Sie das Metallplättchen im Inneren umknicken, und fühlen Sie seine Temperatur und seine Konsistenz erneut. (Sollte das Innere des Taschenwärmers nicht flüssig sein, müssen Sie ihn vor dem Experiment erst aufladen. Legen Sie ihn dazu, wie in der Bedienungsanleitung angegeben, in ein heißes Wasserbad und lassen Sie ihn anschließend langsam abkühlen. Dann können Sie mit dem Versuch starten.)

Was Sie fühlen: Die Flüssigkeit im Taschenwärmer fühlt sich erst gelartig und kalt an, wird aber, nachdem Sie das Metallplättchen umgeknickt haben, hart und warm. Zugegeben, das ist für ein Produkt, das als »Taschenwärmer« verkauft wird, nicht überraschend, aber die Verwandlung ist trotzdem erstaunlich. Sie sehen außerdem, dass das Gel trübe wird.

Was hier vor sich geht: Das Geheimnis des Taschenwärmers ist seine Füllung. Wäre er mit Stahl, Wolle oder Hackfleisch gefüllt, wäre er wahrscheinlich kein großer Erfolg geworden, doch er enthält eine famose Mischung aus Salz und Wasser, genauer gesagt eine *übersättigte Lösung* von *Natriumacetat-Trihydrat*. Bleiben Sie bitte entspannt, ich erkläre sofort, was das bedeutet.

Man spricht von einer *Lösung*, wenn eine Flüssigkeit und ein Stoff (das kann eine andere Flüssigkeit, ein Feststoff oder ein Gas sein) so gut miteinander vermischt sind, dass man nicht mehr erkennen kann, dass es sich um zwei verschiedene Stoffe handelt. Zucker und Wasser können zum Beispiel eine Lösung bilden (dazu muss man umrühren, bis man den Zucker nicht mehr sehen kann), Sand und Wasser jedoch nicht, weil die Sandkörnchen immer im Wasser zu erkennen sind, egal wie stark Sie rühren oder was Sie sonst noch versuchen. Auch das, womit der Taschenwärmer gefüllt ist, ist eine Lösung, allerdings kann ich Ihnen das nicht auf die Schnelle beweisen, denn eine Lösung macht ja gerade aus, dass man sie nicht erkennt, sondern dass sie aussieht wie ein einziger Stoff. Der Stoff, der hier unsichtbar gelöst ist, das *Natriumacetat-Trihydrat*, ist eine chemische Verbindung, die so ähnlich aufgebaut ist wie *Kochsalz* und von Chemikern deshalb *Salz* genannt wird. (Für Naturwissenschaftler sind ziemlich viele Stoffe ein Salz.) *Übersättigt* bedeutet, dass die Lösung mehr Salz enthält, als sie eigentlich kann.

Dafür sorgt ein erstaunlicher Trick. Wenn Natriumacetat-Trihydrat schmilzt, wird es flüssig; wenn es abkühlt, wird es wieder fest. So weit ist das kein Trick, sondern ganz normal – man kennt das Verhalten zum Beispiel von Eis oder Wachs; wenn man geschmolzenes Natriumacetat-Trihydrat jedoch besonders langsam abkühlt, bleibt es überraschenderweise flüssig. Die Salzteilchen bleiben gelöst, obwohl sie sich eigentlich zu einem festen *Kristall* zusammenschließen müssten. Das Natriumacetat-Trihydrat in einem einsatzbereiten Taschenwärmer ist also eine übersättigte Lösung, weil der Stoff eigentlich schon wieder fest sein sollte, trotzdem aber noch gelöst durch die Gegend schwimmt. Dieser Zustand ist bizarr, denn der Stoff ist so kalt, dass er fest werden müsste, aber er ist nach wie vor geschmolzen; deshalb spricht man auch von einer *unterkühlten Schmelze*.

Solange nichts passiert, ruht die unterkühlte Schmelze, aber man kann sie aus ihrem scheintoten Zustand aufwecken: Es reicht, das Metallplättchen im Taschenwärmer umzuknicken, ein Stück geprägtes Stahlblech, wie man es auch bei Knackfröschen einsetzt. Durch das schnelle Durchdrücken des Metalls bilden sich an der Knickstelle plötzlich winzige Kristalle und setzen eine Kettenreaktion in Gang, weshalb man von *Kristallisationskeimen* spricht. Das Natriumacetat-Trihydrat, das in der bizarren übersättigten Lösung nur auf einen Anstoß gewartet hat, verwandelt sich schlagartig wieder in einen Kristall, was längst überfällig war. Das Gel im Taschenwärmer wird entsprechend blitzschnell fest und trüb, und – jetzt erst kommt der Clou! – es wird warm. Denn beim Abkühlen zur unterkühlten Schmelze hat das Natriumacetat-Trihydrat die Wärme, die nötig war, um sein Kristallgitter zu schmelzen, gespeichert und gewissermaßen in seiner Flüssigkeit versteckt. Erst jetzt, wenn die Flüssigkeit wieder ihre alte Kristallform einnimmt, wird die Wärme wieder frei, und Sie können sie nutzen, um Ihre Jackentasche zu beheizen.

Noch ein Experiment: Laden Sie den Taschenwärmer auf, aber knicken Sie das Metallplättchen nicht um. Werfen Sie den Taschenwärmer stattdessen mit Schwung an die Wand oder auf den Boden.

Was Sie sehen: Der Taschenwärmer verwandelt sich nicht in einen Prinzen. (Das ist wahrscheinlich gut so, denn die Ehe mit einem Monarchen ist heutzutage womöglich nicht mehr so erstrebenswert wie noch um 1800.) Stattdessen wird er durch den Aufprall aktiviert und beginnt zu wärmen.

Was hier vor sich geht: Die unterkühlte Schmelze im Taschenwärmer ist *metastabil*: Kleine Änderungen machen ihr nichts aus (zum Beispiel bleibt sie bei leichten Erschütterungen oder Kneten, wie sie ist – sie ist stabil), allerdings reagiert sie auf größere Änderungen (zum Beispiel, wenn man sie gegen die Wand wirft – dann ist sie doch nicht so stabil). Man darf das geschmolzene und langsam abgekühlte Natriumacetat-Trihydrat, die unterkühlte Schmelze, deshalb nicht allzu stark behelligen. Wenn man zum Beispiel kräftig umrührt, einen Kristall in die Flüssigkeit gibt oder das Metallplättchen knickt, stört sie das bereits so heftig, dass ihr metastabiler Zustand umkippt und das gelöste Salz auskristallisiert. Und manchmal reicht es sogar, wenn die Lösung erschüttert wird, um den Kristallisationsprozess anzustoßen – etwa wenn man den Taschenwärmer an die Wand wirft oder ihn auf den Boden fallen lässt.

Was hat der Taschenwärmer mit Essig zu tun?

Salz und Essig sind zwei wichtige Zutaten für ein Salatdressing, und beide spielen beim Taschenwärmer mit. Dafür, dass ich das jetzt so salopp sage, würden mir Chemiker wahrscheinlich gern den Hals umdrehen, denn es ist fahrlässig. Aber falsch ist es nicht.

Der Stoff im Taschenwärmer ist Natriumacetat-Trihydrat. Für Chemiker ist es ein *Salz*, weil sie alles »Salz« nennen, was sich aus geladenen Atomen, aus sogenannten *Ionen*, zusammensetzt, die sich gegenseitig anziehen. Beim handelsüblichen Kochsalz sind es Natrium-Ionen und Chlor-Ionen, Kochsalz ist *Natriumchlorid*. Der Stoff aus dem Taschenwärmer ist (wenn

wir mal das enthaltene *Kristallwasser* außen vor lassen) *Natrium-acetat*, und der Name zeigt Ihnen an, dass es erstens ebenfalls Natrium-Ionen enthält sowie zweitens etwas, das für das Anhängsel »-acetat« sorgt. Dieses Etwas ist *Essigsäure*. Der Essig, den Sie in der Küche benutzen, enthält zwischen 5 % und 15,5 % dieser Essigsäure. Das ist von unserer Bundesregierung genau geregelt und steht in einem Dokument mit dem anregenden Titel »Verordnung über den Verkehr mit Essig und Essigessenz«.

Disclaimer: Um es mir mit den Chemikern nicht zu verscherzen, erkläre ich Ihnen die Ähnlichkeit zwischen Kochsalz und Natriumacetat lieber noch etwas genauer. Beim *Neutralisieren* mischen Sie eine Lauge und eine Säure, und im Zusammenspiel heben die Stoffe ihre jeweils ätzende Wirkung gegenseitig auf. Natriumacetat ist das Salz, das entsteht, wenn Sie Essigsäure mit Natronlauge neutralisieren. Kochsalz ist das Salz, das entsteht, wenn Sie Salzsäure mit Natronlauge neutralisieren. (Ich glaube aber, wenn Sie Kochsalz haben wollen, ist es einfacher, es sich im Supermarkt zu kaufen.)

Wenn Sie es genau wissen wollen: Das, was mit dem Gel im Taschenwärmer passiert, ist keine chemische Reaktion, sondern gewissermaßen eine physikalische, denn der Stoff verwandelt sich nicht in einen anderen, sondern bleibt, was er ist, allerdings wechselt er seinen Zustand von flüssig nach fest, und das auf eine spannende Weise.

Natriumacetat-Trihydrat ist ein Salz, aber wenn Sie ein bisschen Gefühl für wissenschaftliche Fachausdrücke beziehungsweise für ihre altgriechische Herkunft besitzen, haben Sie wahrscheinlich schon vermutet, dass da auch noch Wasser im Spiel ist (ὕδωρ/hýdor, Wasser; das kennt man von Begriffen wie »Hydrologie« oder »Hydraulik«). Im Natriumacetat ist tatsächlich Wasser eingebaut, in jeder Einheit drei Moleküle, eben daher kommt der Namenszusatz »Trihydrat« (vom altgriechischen τρεῖς/treîs, drei). Wenn man Natriumacetat-Trihydrat erwärmt, wird zunächst das Gitter aus Wassermolekülen zersetzt, und Wasser läuft aus; dann erst wird das Gitter aus Natrium- und Acetat-Ionen zerstört. Chemiker sagen dazu (beinahe poetisch): »Das Salz schmilzt im eigenen Kristallwasser.« (Mich erinnert das immer an »Thunfisch im eigenen Saft«.) Beim Abkühlen läuft es umgekehrt: Erst bildet sich das Ionengitter des puren Natriumacetats, und die Wassermoleküle schwimmen munter dazwischen herum. Erst nach und nach nehmen sie ihre festen Plätze ein, und auch dabei wird Wärme frei.

Dass der Taschenwärmer wärmt, liegt also an zwei ähnlichen Vorgängen, bei denen Wärme frei wird, weil sich Stoffe in einer festen Struktur anordnen: Das gelöste Salz findet sich zu einem Kristall zusammen, und *Kristallisationswärme* wird frei. Sie entspricht der Wärmemenge, die nötig war, um den Kristall aufzulösen. Danach fügt sich auch Wasser ins Kristallgitter ein, was ebenfalls Wärme freisetzt, die sogenannte *Hydratbildungswärme*.

Ein bisschen krasses Fachvokabular: In beiden Fällen ist es Wärme, die im Stoff verborgen ist und erst herauskommt, wenn der Stoff seine Struktur ändert; man nennt sie deshalb *latente Wärme* (vom lateinischen latens, verborgen). Einen Taschenwärmer nennt man entsprechend auch *Latentwärmespeicher*.

Wo findet man das noch? Stoffe, die beim Wechsel zwischen einem festen und einem flüssigen Zustand besonders viel Wärme aufnehmen und abgeben, eignen sich auch außerhalb der Jackentasche als Wärmespeicher. Beispielsweise lassen sich mit ihnen intelligente Klimaanlagen bauen. Tagsüber erwärmt die Sonne eine Fassade und schmilzt einen solchen Wechsel-Stoff. Weil das Schmelzen die ganze Sonnenwärme verbraucht, bleibt es innen im Haus angenehm kühl. Nachts läuft der Prozess rückwärts, dann wird der Stoff fest und gibt die gespeicherte Wärme, mit der er geschmolzen wurde, wieder ab.

Was mache ich, wenn mir ein Taschenwärmer aus der Apotheke zu uncool ist? Wenn Sie sich nicht für die Wunder der Natur begeistern können, aber kalte Finger haben, laden Sie sich doch eine Taschenwärmer-App für Ihr Smartphone herunter! Für das iPhone gibt es »Pocket Heat«, für Android-Geräte eine App namens »Handwärmer«. Beide Anwendungen sorgen für eine hohe Prozessorauslastung, sodass das Smartphone warm wird, und sind ein sehr exklusiver (bzw. wenn das Smartphone überhitzt und kaputtgeht) teurer Handwärmer. Apple hat, um seine dümmsten Kunden zu schützen, bereits interveniert. »Pocket Heat« wurde entschärft: Jetzt zeigt die App nur noch einen Heizstrahler an und wärmt damit höchstens in der Fantasie.

Gas lässt die Korken knallen

Was knallt beim Öffnen einer Sektflasche?

Jetzt wird es spektakulär (zumindest wenn für Sie spektakulär bedeutet, dass es laut und gefährlich ist).

Das Experiment: Ich rate Ihnen, das Experiment im Freien zu machen, da Sie in geschlossenen Räumen leicht Dinge und Personen beschädigen können. Stellen Sie zuerst sicher, dass sich kein Sekt-Liebhaber in der Nähe befindet. Nehmen Sie dann eine Flasche Sekt zur Hand und lösen Sie den Drahtkorb (falls doch noch ein Sekt-Kenner anwesend ist, können Sie auch von der *Agraffe* sprechen, um das, was nun kommt, vielleicht etwas weniger unkultiviert wirken zu lassen). Schütteln Sie die Flasche. Nur für den unwahrscheinlichen Fall, dass Sie, während Sie dies lesen, noch nicht ahnen, was bei dem Experiment passiert, rate ich Ihnen, mit der Flaschenöffnung beim Schütteln in eine Richtung zu zielen, in der sich niemand befindet.

Was Sie sehen: Sie sehen nicht nur, was passiert, Sie können es auch hören, spüren, riechen und schmecken. Dieses Experiment ist ein Erlebnis für alle Sinne: Mit einem satten Knall fliegt der Korken von der Flasche ab, der Sekt schießt als Fontäne heraus und rinnt über Ihre Hand.

Was hier vor sich geht: Das, was da knallt, und das, was den Sekt so heftig ins Freie treibt, ist ein und dasselbe: Es ist das Gas *Kohlenstoffdioxid*, das Sie wahrscheinlich auch als CO_2 kennen. Es ist während der Gärung des Sekts entstanden, konnte nirgendwo anders hin und hat deshalb in der Flasche auf Sie gewartet.

Das Gas liegt in der Flasche in zweierlei Gestalt vor: Zum Teil ist es tatsächlich ein ganz gewöhnliches *Gas*, oben im Flaschenhals zwischen Sekt und Korken, zum Teil ist es aber auch im Sekt versteckt, man sagt dazu, es ist *gelöst*. Das Verhältnis zwischen diesen beiden Formen, die das Kohlenstoffdioxid in der Flasche annimmt – zwischen gasförmig und gelöst –, ist hochinteressant: Sie können zwar schnell schätzen, wie viel Gas sich im Flaschenhals befindet (dort ist etwa so viel Platz wie in einem Schnapsgläschen, und diese Schätzung ist ziemlich nah am tatsächlichen Wert: Der Bereich zwischen Sekt und Korken fasst 25 Milliliter), aber Sie haben keine Chance, auch nur annähernd zu überschlagen, wie viel Gas gelöst im Sekt steckt (wie auch, es ist schließlich unsichtbar in der Flüssigkeit eingebaut). Die Menge ist enorm: Im Sekt gelöst sind etwa 5 Liter Gas.

Dieses Verhältnis ist kein Zufall, es ist ein perfekt austariertes Gleichgewicht. Gasmoleküle fliegen gern herum (dann ist das Gas wirklich gasförmig), tauchen bisweilen aber auch in eine Flüssigkeit ein (dann ist das Gas gelöst). Wie viele Teilchen herumfliegen und wie viele in die Flüssigkeit abtauchen, hängt zum einen davon ab, welches Gas und welche Flüssigkeit man zusammenbringt, zum anderen hängt es aber immer auch davon ab, welcher *Druck* herrscht. Je höher der Druck ist, desto mehr Teilchen werden in die Flüssigkeit gepresst, beziehungsweise, wenn man es nicht ganz so martialisch formuliert: Die *Löslichkeit* von Gas in Flüssigkeit nimmt mit dem Druck zu. Das besagt das *Henry-Gesetz*, das nach dem britischen Chemiker William Henry benannt ist. Man kann sich gut vorstellen, was dahintersteckt: Ein hoher Druck bedeutet schließlich, dass viele Gasteilchen über der Flüssigkeit herumsausen und sich gegenseitig heftig hin und her schubsen. Bei so einem Gedränge werden mehr Teilchen in die Flüssigkeit gestoßen als bei niedrigem Druck, wenn weniger Teilchen unterwegs sind, sie daher viel Ellenbogenfreiheit haben und nur gelegentlich andere Teilchen anrempeln.

Das Henry-Gesetz macht sich auch im Sekt bemerkbar. Während der Gärung entsteht Kohlenstoffdioxid. Es tritt munter aus dem Sekt aus und sammelt sich im Flaschenhals. Hier steigt der Druck, und mit steigendem Druck nimmt der Sekt selbst immer mehr von dem Gas auf. Irgendwann drängt der Druck so viele Gasteilchen zurück in den Sekt, dass im Schnitt genauso viele Gasteilchen den Sekt verlassen, wie der Sekt Gasteilchen aufnimmt – ein *Gleichgewicht* ist erreicht.

Das ändert sich erst, wenn Sie den Drahtkorb entfernen. In diesem Augenblick enthält die Flasche etwa 9 Gramm Kohlenstoffdioxid – einen Teil in gasförmiger, einen in gelöster Gestalt, in perfektem Gleichgewicht. Dieses Gleichgewicht hat sich bei dem enormen Druck von 5 bar eingestellt. Das ist das Fünffache des gewöhnlichen Luftdrucks und höher als der Druck in einem Autoreifen. Mit all seiner Kraft schiebt das Gas nun den Korken aus der Flasche. (Manchmal sitzt er fest, und man muss nachhelfen – durch leichtes Rütteln oder Schütteln oder durch Drehen des Korkens.) Der Korken fliegt mit einer Geschwindigkeit von etwa 50 km/h ab, und das Gas, das im Flaschenhals zusammengequetscht war, entweicht auf einen Schlag. Das hören wir als Knall. Denn egal ob Musik, Sprache oder Geräusche – *Schall* ist eine Änderung von *Dichte* und *Druck* in der Luft (das habe ich schon im Kapitel »Machtkampf in der Flasche« verraten), und so ein schlagartiges Entweichen von eingesperrtem Gas ist eine krasse Form einer Dichte- und Druckänderung, also auch ein krasses Schallereignis. Man kann vereinfacht sagen, je gleichförmiger und regelmäßiger so eine Dichte- und Druckänderung abläuft und sich wiederholt, desto schöner finden wir den Klang, als den wir sie wahrnehmen.

Die Stoßwelle des aus der Flasche preschenden Gases ist ein kurzes, schlagartiges (und vor allem: nicht periodisches) Ereignis, deshalb hören wir sie als Knall und nicht etwa als schönen Ton.

Die Fontäne entsteht ebenfalls durch den enormen Druck in der Flasche, beziehungsweise dadurch, dass er plötzlich weg ist. Denn nun herrschen in der Flasche ganz andere Bedingungen: Der Druck, der bis eben noch dafür gesorgt hat, dass eine gewaltige Menge Kohlenstoffdioxid im Sekt gelöst war, ist rapide gefallen – das komprimierte Gas aus dem Flaschenhals ist entwichen, und über dem Sekt befindet sich nun nur noch gewöhnliche Luft mit einem Druck von vergleichsweise läppischen 1 bar. Nach dem Henry-Gesetz ist damit auch das Aufnahmevermögen des Sekts gesunken. Der Sekt spuckt nun all das Gas, das er nicht mehr beherbergen kann, aus. Wenn besonders viel Gas auf einmal aus dem Sekt strömt, läuft die Flasche mit einer Fontäne über. Das passiert hin und wieder sogar, wenn man die Flasche umsichtig öffnet, auf jeden Fall produzieren Sie aber eine vulgäre Fontäne, wenn Sie es drauf anlegen und die Flasche ordentlich schütteln. Denn Schütteln befreit gelöstes Gas besonders schnell aus dem Sekt und erhöht somit den Druck in der Flasche.

Ist das Wissenschaft? Wenn Sie einer der eingangs erwähnten Sekt-Liebhaber sind, sind Sie jetzt vielleicht entsetzt und fragen sich, wie man nur so obszön mit einem edlen Getränk umgehen kann. Die Antwort ist: In der Wissenschaft darf man nicht zimperlich sein! Wenn Sie nun entgegnen wollen, dass diese Schweinerei keine Wissenschaft ist, muss ich Sie leider eines Besseren belehren. 2013 haben Wissenschaftler der Universität Reims eine Forschungsarbeit veröffentlicht, und dem vollständigen Namen der Universität, Université de Reims Champagne-Ardenne, können Sie bereits Hinweise entnehmen, was die Wissenschaftler dort gern untersuchen: Champagner.

In der besagten Arbeit von 2013 haben sie mit naturwissenschaftlicher Gründlichkeit erforscht, wie Korken knallen. (Dieser Arbeit habe ich auch die oben genannten Zahlen entnommen, wie viel CO_2 die Flasche enthält, wie viel Druck herrscht und wie schnell der Korken fliegt – so exakt hätte ich das in meiner Küche nicht ermitteln können!) Wenn Sie nun fragen, warum man knallende Sektkorken wissenschaftlich untersuchen sollte, stellen Sie eine fundamentale Frage, der man in der Wissenschaft immer wieder begegnet: Warum sollte einen das interessieren? Auf diese Frage gibt es selten eine Antwort, die den, der sie stellt, befriedigt. Menschen sind im Allgemeinen eben neugierig, es ist unser Wesen, und es ist auch Wesen der Wissenschaft. Ob eine Frage interessant ist oder ob man Ergebnisse zu irgendetwas gebrauchen kann, ist oft Ansichtssache. Amüsanterweise müssen sich Wissenschaftler häufig sogar in ihrem eigenen Fach rechtfertigen, wozu man ihre Forschung braucht. Deshalb haben die Sekt-Forscher vorgesorgt und in ihrer Arbeit explizit geschrieben: Die amerikanische Vereinigung der Augenärzte, die »American Academy of Ophthalmology«, habe berichtet, dass es besonders zur Ferienzeit zu Augenverletzungen durch knallende Sektkorken kommt! Der Leser der Arbeit soll offensichtlich zu dem Schluss gelangen, dass es sich hier um ein gesundheitsrelevantes Thema handelt, das dringend erforscht werden muss.

Wo findet man das noch? Eine Sektflasche zu öffnen ist wie ein Vulkanausbruch: Auch im *Magma*, der geschmolzenen Gesteinsmasse unter der Erdoberfläche, ist Gas gelöst, das mit der Zeit austritt. Dadurch entsteht in den Magmakammern ein gewaltiger Druck, so wie sich auch im Hals der Sektflasche durch das austretende Gas ein Überdruck bildet. Bei der Sektflasche verhindert der Korken Schlimmeres, aber in der Magmakammer kann der Druck so gewaltig werden, dass er die glühende Gesteinsmasse durch kleine Kanäle nach oben ans

Tageslicht presst. Das nennen wir dann einen *Vulkanausbruch*. Ist das Magma an der Erdoberfläche angekommen, spricht man übrigens nicht mehr von Magma, sondern von *Lava*, aber auch hier ähnelt es Sekt: An der frischen Luft ist der Druck, der auf der flüssigen Gesteinsmasse lastet, wesentlich geringer, und sobald sie kein Druck mehr zurückhält, strömen Gase aus. Wie beim Sekt tritt bei einem Vulkanausbruch Kohlenstoffdioxid aus, aber auch *Schwefeldioxid*, *Wasserdampf* und *Edelgase*.

Kritische Nachbesprechung: Zu Anfang hatte ich angekündigt, das Experiment würde »spektakulär«, und zu jedem Experiment gehört, dass man es am Ende auswertet. Meistens bezieht sich die Auswertung zwar auf die wissenschaftliche Frage, zu deren Beantwortung man das Experiment gemacht hat, aber es kann nicht schaden, auch die Werbeaussage auf den Prüfstand zu stellen, mit der man schamlos Publikum dafür gewonnen hat. War es also tatsächlich »spektakulär«?

Spektakulär bedeutet »aufsehenerregend«, und ob Ihr Experiment Aufsehen erregt hat, kann ich nicht beurteilen. Es hängt ganz davon ab, wie Sie bisher in Erscheinung getreten sind. Wenn Ihre Umgebung bereits gewohnt ist, dass Sie unflätig die Korken knallen lassen und mit Sekt herumspritzen, haben Sie wahrscheinlich eher wenig Aufsehen erregt. In diesem Falle tut es mir leid, dass ich zu viel versprochen habe, ich kannte Sie ja nicht.

Anfangs hatte ich ebenfalls behauptet, zumindest würde das Experiment laut und gefährlich. Es ist unstrittig, dass ein knallender Sektkorken laut ist, und was die Gefährlichkeit betrifft: Denken Sie an die Worte der amerikanischen Augenärzte!

Partnervermittlung im Kochtopf

Wie kann man zwei Tassen Zucker in einer Tasse Wasser auflösen?

Wenn von »Molekularküche« die Rede ist, ist eine moderne, außergewöhnliche Art des Kochens gemeint: Lebensmittel werden mithilfe physikalisch-chemischer Prozesse in eine extravagante Form gebracht und ungewöhnlich arrangiert, zum Beispiel zu »sphärischem Melonenkaviar« oder zu »Stickstoff-Olivenöl-Drops«. Solche ausgefallenen Gerichte herzustellen ist kompliziert, man benötigt Laborgeräte wie Spritzen, Rotationsverdampfer oder Gefriertrocknungsanlagen. Allerdings besteht das meiste, was wir in der Küche zubereiten, aus Molekülen – Fette, Eiweiße, Zucker, Alkohol –, man könnte also fast jede Art von Kochen »Molekularküche« nennen und sich diesen immensen Aufwand sparen. Ich möchte Sie in diesem Kapitel mit einem vergleichsweise einfachen Rezept dafür begeistern, was Moleküle beim Kochen so treiben. (Allerdings zählt es wahrscheinlich nicht zur Haute Cuisine.)

Das Experiment: Gießen Sie eine Tasse Wasser und zwei Tassen Zucker in einen Topf. Rühren Sie die Suppe um und beobachten Sie, was passiert. Erhitzen Sie das Ganze (es muss heiß werden, braucht aber nicht zu kochen) und rühren Sie so lange um, bis der Zucker aufgelöst ist. Sie sollen zwei Tassen Zucker in einer Tasse Wasser auflösen? Genau!

Was Sie sehen: Es klingt nicht nur eklig, sondern auch unmöglich, aber es klappt: Sie können zwei Tassen Zucker in einer Tasse Wasser auflösen. Anfangs sieht es nicht so aus – das Wasser zieht langsam in den Zucker ein, färbt ihn ein bisschen dunkler und beginnt, ihn aufzulösen, am Topfboden aber bleibt eine Zuckerschicht zurück, die nicht verschwinden will –, doch wenn Sie die Suppe erhitzen und umrühren, löst sich der Zucker schließlich nach und nach auf.

Was hier vor sich geht: Wenn sich Zucker und Wasser verbinden und wesentlich mehr Wasser als Zucker im Spiel ist, spricht man von einer *Lösung*. Das sollte Sie nicht überraschen, denn selbst in der unwissenschaftlichen Umgangssprache sagt man: »Der Zucker löst sich auf.« Das klingt so, als verschwände er, aber das macht er natürlich nicht (wohin sollte er auch?): Die Zuckerteilchen sind nach wie vor da, werden aber von Wasserteilchen umschlossen, sodass die ganze Mischung aussieht wie Wasser. (Das gerade macht eine Lösung aus: Die Stoffe, die gemischt werden, sind nicht mehr einzeln zu sehen.) Dieses Umschließen kann ein bisschen dauern, schließlich müssen die Wasserteilchen erst an die Zuckerteilchen herankommen. Deshalb bleibt anfangs eine Zuckerschicht am Boden zurück. Das Wasser kämpft sich langsam vorwärts und schafft es nicht, alle Zuckerteilchen zu umschließen.

Indem Sie dann aber umrühren und die Lösung erhitzen, helfen Sie dem Wasser auf die Sprünge, denn eine höhere *Temperatur* bedeutet physikalisch gesehen, dass die Teilchen sich stärker bewegen. Durch das Erhitzen machen Sie die Teilchen also agiler, sodass zum einen schon gelöster Zucker mit seinem Mantel aus Wasser schneller abtransportiert wird und zum anderen freies Wasser schneller an den noch nicht gelösten Zucker herankommt. Hitze und Rühren wirken praktisch als Partnervermittlung.

Hinzu kommt, dass sich Wasser und Zucker einfach gut zum Mischen eignen, denn beides sind *polare* Stoffe. In einem Zuckermolekül und in einem Wassermolekül sitzen *elektrische Ladungen* – wie überall in Materie –, allerdings sind sie ungleichmäßig verteilt. Das gesamte Molekül ist elektrisch *neutral*, denn die Ladungen heben sich in Summe gegenseitig auf, aber dadurch, dass die Ladungen nicht gleichmäßig verteilt sind, ist ein Ende des Moleküls ein bisschen positiv geladen, ein anderes Ende ein bisschen negativ. (Dass Wasser gerade so ist, ist einer der Tricks im Kapitel »Rubbel die Katz«.) An den leicht geladenen Enden des Zuckers kann das Wasser gut andocken und den Zucker dadurch fest umschließen. (Bei Kerzenwachs ist es übrigens anders: Es ist unpolar, und Wasser kann nicht gut andocken. Sie werden also wenig Erfolg haben, wenn Sie versuchen, Wachs in Wasser zu lösen.)

Fachwissen für Experten und solche, die es werden oder sich als solche ausgeben wollen: Zwischen den Wasserteilchen und den Zuckerteilchen entstehen *Wasserstoffbrücken*. Das bedeutet: Negative Elektronen aus der Hülle von Sauerstoff-Atomen werden von den positiven Kernen im Inneren der Wasserstoff-Atome angezogen, und so halten Sauerstoff und Wasserstoff fest zusammen. Das Ganze »Wasserstoffbrücke« zu nennen ist etwas metaphorisch, aber nicht unpassend: Über eine Wasserstoffbrücke kann man zwar nicht gehen, aber sie verbindet unterschiedliche Stoffe, so wie eine Brücke zwei Ufer verbindet. Wenn Sie sich nun noch fragen, was Sauerstoff und Wasserstoff in Ihrer Suppe verloren haben, kann ich Sie beruhigen: Beide waren schon vor dem Kochen in den Zutaten. Zucker enthält Sauerstoff-Atome und Wasserstoff-Atome, Wasser auch. (Genau genommen besteht Wasser aus nichts anderem, das verrät schon seine berühmte Formel H_2O: Es besteht aus zwei Wasserstoff-Atomen und einem Sauerstoff-Atom.)

2 plus 1 ist 3? Im Topf können Sie noch etwas Bemerkenswertes beobachten. Sie haben zwei Tassen Zucker und eine Tasse Wasser gemischt, aber im Topf finden Sie nun nicht drei Tassen Zuckersuppe, sondern weniger. Wahrscheinlich ist Ihnen beim Kochen ein bisschen Wasser *verdampft*, aber das war höchstwahrscheinlich nicht so viel, dass Sie es mit dem Auge erkennen können, vielmehr ist etwas anderes passiert: Wasser und Zucker gehen eine enge Bindung ein, und dieser molekulare Klammerblues spart Platz. Sie haben im Topf keine Materie verloren (von dem bisschen abgesehen, das Ihnen durch Verdampfen abhandengekommen ist), im Großen und Ganzen wiegt der Topf Suppe am Ende des Experiments noch genauso viel wie alle Zutaten am Anfang zusammen, allerdings sind die Zutaten enger zusammengerückt. Das spüren Sie beim Umrühren, denn gleiches Gewicht bei weniger Platz bedeutet eine höhere *Dichte*: Wasser und Zucker haben sich zu einem zähen Sirup zusammengeschlossen.

Wo findet man das noch? Wasserstoffbrücken sind ein essenzieller Klebstoff in der Natur. So wie sie in unserem Experiment Zucker und Wasser verbinden, verbinden sie auch Wasserteilchen untereinander, sodass sie bei Raumtemperatur zusammenhalten und eine Flüssigkeit bilden. Wasserstoffbrücken geben ebenso gefalteten und verdrehten *Biomolekülen* (Molekülen, die in Lebewesen vorkommen und *Kohlenstoff* enthalten) den nötigen Halt, indem sie Atome an verschiedenen Stellen im Molekülgerüst aneinanderknüpfen. Sie sorgen zum Beispiel dafür, dass die Bausteine in unserer *DNA* zusammenhalten. (DNA ist übrigens eine Abkürzung für *Desoxyribonukleinsäure*, ein Wort, mit dem Sie sich beim Galgenmännchen unbeliebt machen – außer Sie spielen mit Biochemikern. Weil DNA eine Abkürzung für Desoxyribonukleinsäure ist, müsste sie eigentlich *DNS* heißen. Das tut sie auch, aber es hat sich die englische Abkürzung für *deoxyribonucleic acid* etabliert.)

Und so abwegig es auch klingt: Nicht nur die molekularen Bindungen in Ihrer Zuckersuppe spielen eine Rolle in der Wissenschaft, sondern auch die Zuckersuppe als Ganzes, zumindest im Prinzip. Durch Hitze und Umrühren haben Sie in Ihrem Experiment mehr Zucker in Wasser gelöst, als es von sich aus aufgenommen hätte, und somit eine *übersättigte Lösung* hergestellt. Wissenschaftler nutzen solche übersättigten Lösungen, um Kristalle zu züchten. Sie lösen zum Beispiel Salze auf, und in der übervollen Salz-Suppe lagern sich die gelösten Salzteilchen an der nächstbesten Stelle an und setzen sich neu zusammen – jetzt schön geordnet, in einem festen Muster, das heißt als Kristall. Das, woran sich die gelösten Teilchen gern anlagern, nennt man *Kristallisationskeim*; es kann irgendetwas sein, das das flüssige Einerlei der Suppe stört und an dem sich Teilchen anlagern können, zum Beispiel kann man einen Bindfaden in die Lösung hängen. Oft geben Wissenschaftler als Anlegestelle auch ein schon fertiges Stück Kristall hinein; dann spricht man von einem *Impfkristall*.

Zu guter Letzt, Wissenschaft hin oder her, ist die Mischung aus zwei Tassen Zucker und einer Tasse Wasser ein verblüffendes Experiment, zumindest für Leute, die noch nie selbst Sirup hergestellt haben. Und vielleicht finden Sie ja jemanden, der mit Molekularküche nicht vertraut ist und dem Sie die Suppe als kulinarische molekulare Köstlichkeit verkaufen können.

Gestreichelte Gläser (glingen wie Glocken)

Wie singen Weingläser?

In einem Glas Wein verbirgt sich ein komplizierter Effekt aus der Festkörperphysik. Aber keine Sorge, es geht nicht schon wieder um Alkohol, sondern dieses Mal wirklich nur ums Glas.

Das Experiment: Füllen Sie ein teures Weinglas zur Hälfte mit einer Flüssigkeit Ihrer Wahl (zum Beispiel Wein, aber wenn Sie die günstige Gelegenheit nutzen und sich mit der Erklärung herausreden wollen, es diene der Wissenschaft, können Sie für das Experiment auch banausenhaft Cola in Ihr Weinglas gießen). Tunken Sie den Finger in die Flüssigkeit, fahren Sie mit dem feuchten Finger ein paar Runden über den Rand des Weinglases und genießen Sie, was passiert.

Was Sie hören: Ein schöner Ton erklingt. (Sollte der Ton nicht schön sein, dann ändern Sie diesen Satz in Gedanken bitte einfach in: »Ein Ton erklingt.«)

Was Sie sehen: Die Flüssigkeit im Weinglas wirft Wellen.

Was Sie spüren: In der Fingerkuppe kitzelt es. Das Glas vibriert.

(Sie hören etwas, Sie sehen etwas, Sie spüren etwas! Da es in der Physik selten etwas zu riechen oder zu schmecken gibt, kann man behaupten, für Physiker ist es ein Experiment für alle Sinne. Das sollten Sie aber vorsichtshalber nur tun, wenn gerade kein Physiker in Hörweite ist.)

Was hier vor sich geht: Durch das Reiben versetzen Sie das Weinglas in Schwingung – Sie spüren sie in der Fingerkuppe, Sie sehen sie an der Flüssigkeitsoberfläche, und Sie hören sie als Ton. Dass das Weinglas zu schwingen beginnt, ist ein hochkomplexer Vorgang und gar nicht so plausibel, wie es zuerst klingt: Denn warum sollte ein Glas schwingen, wenn man es streichelt?

Dahinter steckt ein sogenannter *Stick-Slip-Effekt*: Obwohl es sich anfühlt, als glitten Sie mit dem feuchten Finger flüssig über das Glas, bleibt der Finger, mikroskopisch betrachtet, immer wieder hängen, rutscht ein Stück weiter, bleibt hängen, rutscht, bleibt hängen und so weiter. Durch dieses unmerkliche Stop-and-go des Fingers wird das Glas in Bewegung versetzt, es wird gewissermaßen immer wieder angeschlagen wie eine Glocke.

Dass ein Glas klingt, wenn man es anschlägt, liegt daran, dass es leicht und ein bisschen elastisch ist: Trifft beispielsweise ein Teelöffel auf das Glas, dellt er es ein, allerdings nur ein winziges bisschen und nur für den Bruchteil eines Augenblicks, denn sofort schnellt das Glas wieder zurück in seine alte Form. In der Natur klappt so ein Vorhaben selten auf Anhieb, und so ist es auch beim Glas: Es ist zu träge, um rechtzeitig zu bremsen, und schießt über das Ziel hinaus. Es beult sich jetzt ein Stück nach außen. Also kehrt es um, schießt aber wieder über das Ziel hinaus und wird eingedellt, und so beult es sich nach innen, nach außen, nach innen, nach außen, jedes Mal ein bisschen weniger, bis es endlich wieder still steht und den Schlag des Teelöffels verwunden hat. Wir können das Eindellen und Ausbeulen mit bloßem Auge kaum sehen, das Glas schwingt durch das Anschlagen aber hin und her wie eine gezupfte Gitarrensaite, und das bemerken wir, denn genau wie die Gitarrensaite gibt das Glas die *Schwingungen* an die Luft weiter. Diese *Luftschwingung* ist es, die wir als helles »Ping« hören (und die meist irgendwen veranlasst, »Eine Rede!« zu rufen). Luftschwingung ist *Schall*, und sie beziehungsweise er entsteht beim angeschlagenen Weinglas durch das Hin und Her des Glases. Wäre das Glas starrer oder schwerer, zum Beispiel wenn es aus Stahl bestünde und eine Wandstärke von zwei Zentimetern hätte (womit es ein überaus extravagantes Weinglas wäre), dann ließe es sich vom Stoß eines Löffels nicht so leicht in Schwingung versetzen. Das dicke Metall schwänge dann zwar immer noch, und die Schwingung würde immer noch an die Luft weitergegeben, aber nicht so lang und nicht in der Stärke und Geschwindigkeit, dass sich die Schwingung als heller Glockenton äußert. Was ein Weinglas so schön schwingen und klingen lässt, ist seine perfekte Balance aus *Elastizität* und *Masse*.

Wenn Sie das Glas nicht anschlagen, sondern mit dem feuchten Finger streicheln, versetzen Sie es durch den Stick-Slip-Effekt in eine anhaltende Schwingung. Das Glas gibt sie an die Luft weiter, und diese Luftschwingung, diesen Schall, hören Sie nun nicht mehr als einzelnes »Ping«, sondern als anhaltenden, singenden Ton.

Wenn Sie es genau wissen wollen: Ein Glas, das Sie mit einem Teelöffel anstoßen, schwingt nicht nur an der einen Stelle hin und her, an der Sie es mit dem Löffel treffen, sondern verformt sich als Ganzes, weil es trotz seiner Elastizität im Kleinen immer noch ein *starrer* Gegenstand ist. Es beult sich vorn und hinten aus und zieht sich an den Seiten zusammen – wie eine Plastikflasche, die man mit der Hand leicht eindrückt –, beziehungsweise es wird vorn und hinten eingedellt und breitet sich dafür zu den Seiten aus. Das Glas ist, von oben betrachtet, lang und schmal oder breit und flach,

immer abwechselnd. Allerdings sind das so filigrane und schnelle Schwingungen, dass Sie sie mit dem bloßen Auge nur erahnen können; am ehesten machen sich die Schwingungen des Glases durch Kräuselungen an der Flüssigkeitsoberfläche bemerkbar.

Klingt das Glas immer gleich? Im Wesentlichen. Äußere Umstände können den Klang beeinflussen (dazu gleich mehr!), aber da das Glas spontan weder seine Form noch sein Material verändert, bleibt die Schwingung, die es vollführt, immer gleich – und damit auch der Ton, den es von sich gibt. Bringt man ein leeres Glas zum Schwingen, hört man praktisch seine Stimme, seinen ganz eigenen Ton. Ein anderes Glas aus einem anderen Material oder mit einer anderen Form klingt anders.

Wenn man allerdings Wein nachschenkt, ändert man auf gewisse Weise Material und Form, zwar nicht die des Glases direkt, aber die des schwingenden Gegenstands als Ganzes: Je mehr Flüssigkeit im Glas ist, desto träger und schwerer ist es, und desto langsamer schwingt es. Denn das Glas muss nun die zusätzlichen Flüssigkeitsmengen mitbewegen. Langsame Schwingungen bedeuten *tiefe Töne*, ein volleres Glas klingt deshalb tiefer.

Was mache ich, wenn der Ton des Weinglases nicht schön klingt? Anfangs habe ich Ihnen gesagt, dass Sie sich nicht daran stören sollen, immerhin haben Sie dem Glas überhaupt einen Ton entlockt, und das ist doch schon mal etwas. Diese Sichtweise stimmt noch immer, aber ich gebe zu, dass sie oberflächlich genannt werden kann. Tatsächlich kann es passieren, dass der Ton, den das Weinglas von sich gibt, leicht scheppert. Das kann verschiedene Gründe haben. Ein Materialfehler im Glas, das heißt ein Defekt in seiner Struktur, kann die Schwingung stören, auch wenn wir äußerlich nichts sehen. (Deshalb habe ich anfangs gesagt, Sie sollten ein hochwertiges Weinglas nehmen; hier scheint einem die Wahrscheinlichkeit, dass es unsauber gefertigt wurde und Defekte enthält, doch geringer zu sein als bei billigen Gläsern.)

Wenn Ihr Glas einen Sprung hat, scheppert es sogar richtig, denn manche Schwingungen im Material kommen kaum über die Kluft an der Sprungstelle hinweg und schlagen die beiden Bruchkanten aufeinander. Das macht ein hässliches Geräusch. Außerdem kostet es Energie, die dem Glas beim Weiterschwingen fehlt. Es scheppert also, und die Schwingung klingt schneller ab. Ein Glas oder einen Teller anzuklopfen und seinem Ton zu lauschen ist also eine verlässliche Methode, um auch fast unsichtbare Sprünge nachzuweisen.

Doch nicht nur Materialfehler ändern den Klang. Wenn Sie das Glas in der Hand halten, während Sie über seinen Rand streichen, beeinflussen Sie durch das Festhalten ebenfalls, wie es schwingt, weil dann Ihre Hand und das Glas eine Einheit bilden. Im Extremfall dämpfen Sie die Schwingung komplett, und das Weinglas bleibt stumm – so wie sie eine angeschlagene Triangel durch bloßes Anfassen ja auch zum Verstummen bringen. Ihre Hand am Fuß oder am Stiel des Glases kann sich aber auch filigraner und auf Umwegen auf den Ton auswirken. Wenn Sie das Glas für das Experiment auf den Tisch stellen, was ich Ihnen empfehle, kann allerdings ebenso der Tisch und alles, was auf ihm liegt, auf die Schwingung des Glases ansprechen und dadurch wiederum auf sie einwirken.

Schwingungen sind kompliziert, und einen schönen Ton zu erzeugen ist generell nicht leicht. Fragen Sie mal Musikschüler, die versuchen, einen ersten schönen Ton aus einer Oboe oder einer Violine zu kriegen! Oder fragen Sie bei der traditionsreichen Glockengießerei Bachert nach, die im Jahr 2002 sieben neue Glocken für die Frauenkirche in Dresden hergestellt hat. Sechs davon klangen hässlich und mussten noch einmal neu gegossen werden. Sie waren zu dick verziert, und die Verzierungen hatten den Klang verändert.

Wo findet man das noch? Stick-Slip-Effekte, bei denen sich Haften und Gleiten abwechseln, treten fast überall auf, denn wirklich flüssiges Gleiten gibt es so gut wie nirgends. Unter dem Mikroskop sehen auch die glattesten Oberflächen wie zerklüftete Mondkrater aus, und wenn wir sie übereinanderreiben, mag es von außen vielleicht geschmeidig wirken, aber auf atomarer Ebene kracht und knirscht es gewaltig, wenn Kanten an anderen Kanten hängen bleiben, an schroffen Vorsprüngen, Mulden und Zacken. Wissenschaftler untersuchen Stick-Slip-Effekte daher überall dort, wo Dinge aneinanderreiben oder übereinandergleiten, unter anderem bei Gletschern, beim Umformen von Metall und bei Schmierstoffen.

Mit einem Weinglas und einem feuchten Finger Töne zu erzeugen ist übrigens kein besonders neuer Einfall. Die Blütezeit dieser Idee liegt sogar schon etwas zurück: Benjamin Franklin war nicht nur einer der Gründer der Vereinigten Staaten von Amerika sowie Erfinder des Blitzableiters, sondern baute im 18. Jahrhundert auch ein Musikinstrument, bei dem man feuchte, rotierende Gläser berühren musste, um einen Ton zu erzeugen: die Glasharmonika. Sie ist im Schatten des etwas praktischeren Blitzableiters in Vergessenheit geraten, war damals aber keineswegs ein so skurriles Instrument, wie es heute scheint: 1791 komponierte sogar Wolfgang Amadeus Mozart zwei Stücke für die Glasharmonika, ein Quintett (Köchelverzeichnis 617) und sogar ein Solo (Köchelverzeichnis 617a). Es gibt tatsächlich aktuelle Einspielungen – hören Sie sich die mal an! Eine Glasharmonika ist physikalisch beeindruckend und ein wirklich extravagantes Instrument. (Aber wenn Sie ehrlich sind, werden Sie einräumen müssen, dass sie scheußlich ätherisch und aggressiv klingt und Sie partout keine ganze CD davon hören wollten.)

Übrigens entsteht auch das Quietschen von Kreide an einer Tafel nach dem gleichen Prinzip: Durch abwechselndes Haften und Gleiten wird eine Schwingung erzeugt. Allerdings ist mir nicht bekannt, ob Mozart auch ein Stück für die Kreidetafel komponiert hat.

Aber bevor Sie Stick-Slip-Effekte auf ewig mit Missklang oder der unsachgemäßen Verwendung von Weingläsern in Verbindung bringen: Stick-Slip-Effekte sind es auch, die die Saiten eines Cellos klingen lassen, wenn man mit einem Bogen darüberstreicht.

Was bedeutet »glingen«? In der Überschrift heißt es: »Gestreichelte Gläser (glingen wie Glocken)«, und vielleicht haben Sie sich schon die ganze Zeit gefragt, was uns der Autor damit sagen will. Die Erklärung ist einfach: Es sollte eigentlich heißen »Gestreichelte Gläser (klingen wie Glocken)«, doch ich habe mich dem Diktat der Ästhetik unterworfen und auf Teufel komm raus eine Alliteration schaffen wollen, wusste nur leider kein passendes Verb mit g. »Grunzen« etwa hätte nicht so gut gepasst. Also habe ich mich einer jahrhundertealten dichterischen Technik bedient, die einigen vielleicht noch aus dem Deutsch- oder Lateinunterricht geläufig ist; sicherlich gibt es ein schickes Fachwort für sie, die Technik ist aber hinreichend umschrieben mit der Maxime »Was nicht passt, wird passend gemacht« und kommt immer dann zum Einsatz, wenn ein Wort inhaltlich trefflich gewählt ist und genau an der richtigen Stelle steht, formal aber nicht so recht in das Versmaß oder das gewählte Stilmittel passen will, dann ändert man flugs ein, zwei Buchstaben und nennt es Kunst.

Ball mit Drall

*Was ist das Geheimnis der
Bananenflanke?*

Auf einem Fußballplatz erwartet man Schweiß, Spucke und Testosteron. Was man gemeinhin eher nicht erwartet, ist Aerodynamik; dabei spielt sie auf dem Fußballplatz eine wichtige Rolle. So nutzen Fußballer, wenn sie eine Flanke schießen, hin und wieder einen erstaunlichen aerodynamischen Effekt – wahrscheinlich allerdings ohne es zu wissen: Sie erzeugen eine geheimnisvolle Kraft, die den Ball überraschend auf eine krumme Flugbahn zwingt. Aus naheliegenden Gründen nennt man das dann eine »Bananenflanke«.

Das Experiment: Nehmen Sie einen Fußball und schießen Sie eine Bananenflanke.

Was Sie sehen: Der Ball fliegt nicht geradeaus, wie man es erwartet, sondern wird auf mysteriöse Weise abgelenkt. Er biegt ab und fliegt einen krummen Bogen.

Was hier vor sich geht: Offenbar können Sie Fußball spielen, denn eine Bananenflanke zu schießen ist nicht so ganz ohne. (Wenn ich den Versuch mache, lässt sich zwar auch beobachten, wie eine mysteriöse Kraft den Ball in eine unerwartete Richtung lenkt, allerdings jedes Mal in eine andere. Das ist ein anderer Effekt.) Damit eine Bananenflanke entsteht, muss der Ball schnell sein und sich gleichzeitig möglichst schnell drehen.

Das ist sein Geheimnis. Fußballer wissen durch Ausprobieren und Übung, wie sie das bewerkstelligen können, und spielen den Ball mit *Drall* beziehungsweise – wenn man es für den Fußballplatz ungewohnt vornehm ausdrücken möchte – mit *Effet*. Denn wenn der Ball durch die Luft fliegt, ohne sich zu drehen, passiert nichts Besonderes: Die Luft strömt um den Ball herum – links und rechts und oben und unten – und verwirbelt dabei. Wenn der Ball aber rotiert, sind diese Luftverwirbelungen nicht mehr gleichmäßig. Um zu verstehen, was dem Ball mit Drall nun widerfährt, müssen Sie die Perspektive wechseln.

Stellen Sie sich zuerst vor, Sie sind der Ball! Während Sie fliegen, spüren Sie den Fahrtwind oder – besser gesagt – den Flugwind, das heißt, Sie spüren eine *Strömung*. Die Luft bewegt sich zwar nicht unbedingt, aber aus Sicht des fliegenden Balls ist es so, als würde ihn die Luft umströmen. (Letzten Endes ist es in der Physik egal, ob sich der Ball bewegt oder die Luft: Relativ zur Luft und zum Zuschauer am Spielfeldrand bewegt sich der Ball, relativ zum Ball bewegt sich die Luft. Es ist lediglich eine Frage des Standpunkts.)

Stellen Sie sich nun vor, Sie fliegen zusammen mit dem Ball durch die Luft und beobachten ihn von oben! Nehmen wir an, Sie haben den Ball so geschossen, dass er sich, von oben betrachtet, gegen den Uhrzeigersinn dreht, also linksherum. Auf der linken Seite dreht sich der Ball dann mit der Luftströmung, die von vorn kommt. Dadurch, dass er sich dreht und eine raue Oberfläche besitzt, reißt er die Luft ein Stück mit sich mit, sodass sie auf dieser Seite schneller um den Ball strömt. Der rotierende Ball zieht auf der linken Seite auch Luftwirbel nach hinten. Auf der rechten Seite passiert das Gegenteil: Der Ball dreht sich gegen die Luft, die von vorne strömt, und bremst sie dadurch ab, und Luftwirbel werden nicht nach hinten gezogen, sondern lösen sich schon früher vom Ball.

Nun spielen zwei physikalische Effekte zusammen. Zum einen sorgt die schnelle Luftströmung auf der linken Seite für einen

Unterdruck. Nach dem *bernoullischen Gesetz* sinkt der Druck in einem Gas, wenn die Geschwindigkeit steigt. Zum anderen sind die Luftwirbel ungleichmäßig verteilt; links ziehen sie mit nach hinten, rechts reißen sie früh ab. Der Ball wird von dem Unterdruck links angesaugt und von den Wirbeln, die sich rechts schon früher bilden als links, weggedrückt. Dadurch wird er in die Richtung geschubst, in die er sich dreht, und so von seiner geraden Flugbahn abgelenkt. In unserem Gedankenexperiment, bei dem wir den Ball linksherum rotieren lassen, fliegt er in einem Bogen nach links.

Der Effekt tritt immer dann auf, wenn eine Kugel durch eine Flüssigkeit oder ein Gas saust und dabei schnell rotiert. Er heißt *Magnus-Effekt* und ist nach dem deutschen Physiker und Chemiker Heinrich Gustav Magnus benannt, der 1852 in Experimenten plausibel (wenn auch nicht ganz vollständig) erklären konnte, wie die mysteriöse Ablenkung zustande kommt, nämlich durch Geschwindigkeits- und Druckunterschiede in der Luftströmung.

Der Magnus-Effekt hat noch ein paar andere Wissenschaftler beschäftigt. Schon rund einhundert Jahre vor Magnus hat der britische Waffenforscher Benjamin Robins den Effekt beschrieben. Er hatte, wie seinerzeit nicht selten, Projektile, Schießpulver und Musketen untersucht. Obwohl man ihn somit als Entdecker des Effekts ansehen kann, ging er bei der Benennung leer aus. Auch das ist in der Wissenschaft nicht selten.

Ein paar Jahre nach Magnus' Tod gelang es dem bedeutenden Physiker Lord Rayleigh, den Magnus-Effekt auch theoretisch zu erklären, nicht nur mit Experimenten. Lord Rayleigh hieß mit bürgerlichem Namen John William Strutt und entdeckte nicht nur das Edelgas *Argon*, sondern interessierte sich auch für alles andere und hatte zu so ziemlich jedem Thema in der Physik etwas zu sagen. Krumm fliegende Tennisbälle

hatten ihn inspiriert, auch mal über den Magnus-Effekt nachzudenken.

Der Magnus-Effekt zeigt sich übrigens auch beim Baseball, und dieser Sport war es, der 1959 schließlich den US-amerikanischen Physiker Lyman Briggs dazu brachte, sich mit der Ablenkung fliegender Bälle zu befassen. Er brachte schließlich die *Turbulenzen* mit ins Spiel, die entstehen, wenn eine Luftschicht nicht mehr brav am Ball entlangströmt, sondern abreißt und verwirbelt.

Zusammengefasst kann man also sagen: Ein Fußballer holt aus und tritt vor den Ball, und Physiker sind 200 Jahre lang damit beschäftigt zu klären, was los ist.

Wo findet man das noch? Eines der spektakulärsten Tore der Fußballgeschichte ist mithilfe des Magnus-Effekts zustande gekommen: das berühmte Freistoßtor im Freundschaftsspiel Frankreich – Brasilien im Jahr 1997. Der Brasilianer Roberto Carlos schoss den Ball aus 35 Meter Entfernung nicht direkt aufs Tor, sondern rechts an der Mauer vorbei, und es sah ganz so aus, als würde der Ball das Tor um Meter verfehlen und der Freistoß ein echter Reinfall. Doch in letzter Sekunde drehte der Ball bei, schlug eine scharfe Linkskurve ein und landete unter den verdutzten Blicken des Weltklassetorwarts Fabien Barthez, der keine Anstalten machte, ihn abzuwehren, in der rechten Torecke. Mit der Physik hatte auch Barthez nicht gerechnet. 13 Jahre später untersuchten Physiker das wundersame Tor, indem sie rotierende Plastikkugeln durch ein Wasserbecken schossen. Sie kamen zum Ergebnis, dass drei Dinge zu der skurrilen Flugbahn geführt hatten: die Härte des Schusses, der Drall und die große Entfernung. Die Härte und der Drall lassen den Ball gleichzeitig schnell fliegen und schnell rotieren, was den altbekannten Magnus-Effekt hervorruft. Die große Entfernung zum Tor sorgt dafür, dass der Ball lange in der Luft ist. Erst fliegt er eine typische Kreisbahn, wie man es

172

vom Magnus-Effekt kennt, doch nach und nach bremst ihn der Luftwiderstand. Der Ball fliegt deshalb langsamer, die Drehung um die eigene Achse ist jedoch so gut wie ungebremst und gewinnt dadurch mehr Einfluss. Das lässt den Ball eine ungewöhnlich starke Kurve einschlagen, eine sogenannte *exponentielle Spirale*. (Welcher Torwart wäre davon nicht überrumpelt? Sogar Physiker sind es, denn meistens fliegen Bälle nicht so lange durch die Luft, sind nicht so schnell oder rotieren nicht stark genug, dass man dieses Langzeitverhalten beobachten kann.) Schließlich lässt auch die Rotation nach, und der Ball, ermüdet von seinem extravaganten Flug, verlässt die Spirale und folgt nun einer eher geraden Bahn. Bei Roberto Carlos' Schuss kamen alle Zutaten zusammen – die hohe Geschwindigkeit, die starke Eigendrehung und die richtige Entfernung –, sodass sich die physikalische Seltenheit bemerkbar machte und den Ball auf einer eigenwilligen, unerwarteten Kurve ins Tor lenkte.

Der Magnus-Effekt spielt wie gesagt nicht nur im Fußball eine Rolle, sondern auch im Golf, im Baseball, im Cricket, im Tennis und im Tischtennis, eben immer dort, wo sich Bälle schnell durch die Luft bewegen und dabei rotieren. (Dass man das Wort Bananenflanke beim Golfsport noch nie gehört hat, mag an der Popularität und dem vergleichsweise plebejischen Charakter des Fußballs liegen; ich vermute, dass Golfer einen schickeren Begriff für das Phänomen haben. Abgesehen davon, dass eine »Flanke« witzlos ist, wenn man der einzige Spieler auf dem Rasen ist.)

Der Magnus-Effekt wirkt natürlich nicht nur auf Bälle, sondern auf alles, was in der Luft rotiert und dadurch Druck- und Wirbelunterschiede hervorruft. In den 1920er-Jahren baute der deutsche Erfinder Anton Flettner einen Schiffsantrieb, der sich den Magnus-Effekt zunutze machte, den sogenannten *Flettner-Rotor*. Auf dem Schiffsdeck rotiert dabei ein großer Mast, der aus dem Wind, der um ihn strömt, eine Kraft erzeugt, just wie der rotierende Fußball bei einer Bananenflanke. Flettner-Rotoren haben mit ihrer wundersamen Windkraft in den 1920er-Jahren tatsächlich Schiffe angetrieben, konnten mit starken Dieselmotoren aber nicht konkurrieren und verschwanden, bis der bewollmützte Meeresforscher Jacques-Yves Cousteau 60 Jahre später, um das Jahr 1980, ein Schiff bauen ließ, das eine Antriebstechnik namens »Turbosail« nutzte. Es war eine Abwandlung des Flettner-Rotors. Und 2008 lief in Kiel ein Frachtschiff vom Stapel, das ebenfalls mit Rotoren ausgestattet ist, ein Hybrid-Schiff, das Dieselantrieb und Bananenflanken-Technik kombiniert.

Keine Angst vor Fremdwörtern. Anfangs habe ich gesagt, auf dem Fußballplatz spielt Aerodynamik eine wichtige Rolle. Das klingt kompliziert, und ich möchte gar nicht verhehlen, dass Aerodynamik tatsächlich sehr kompliziert ist, erst einmal ist es jedoch bloß ein Wort und als solches nicht komplizierter als zum Beispiel das Wort »Automobil«. Ein »Automobil« klingt für uns nicht besonders Ehrfurcht gebietend, weil wir wissen, um was es sich dabei handelt, und ebenso verliert die »Aerodynamik« ihren Schrecken, wenn man weiß, dass sich das Wort aus den beiden altgriechischen Begriffen ἀήρ (aër, Luft) und δύναμις (dýnamis, Kraft) zusammensetzt und das Fachgebiet bezeichnet, das sich im Speziellen mit den Kräften befasst, die auf Objekte wirken, wenn sie sich durch Luft bewegen, zum Beispiel Flugzeuge oder Fußbälle. (Je mehr Sie hier ins Detail gehen, desto schrecklicher wird der Begriff »Aerodynamik« allerdings wieder, denn sie ist wirklich sehr kompliziert.)

Eierproblem am Mount Everest

Wieso können Bergsteiger
keine Eier kochen?

Es gibt zahlreiche Tipps, wie man das perfekte Frühstücksei kocht. Die können sie jedoch samt und sonders vergessen, wenn Sie Bergsteiger sind. Denn ganz gleich, wie Sie Ihr Ei bevorzugen – wenn Sie in großer Höhe Eier kochen wollen, macht Ihnen die Physik einen Strich durch die Rechnung.

Das Experiment: Das Experiment ist das schwerste in diesem Buch. Es ist sogar noch schwerer, als eine Bananenflanke zu schießen! Ich bin Ihnen also nicht böse, wenn Sie es gar nicht erst versuchen. Es geht so: Steigen Sie auf den Mount Everest und kochen Sie auf dem Gipfel ein Ei. Sie können dabei gern alle Tipps und Tricks, die Sie kennen, beherzigen, um das Ei perfekt zuzubereiten.

Was Sie sehen: Was auch immer Sie unter einem perfekten Frühstücksei verstehen – ob das Eigelb flüssig sein muss, wachsweich oder schnittfest –, das, was Sie auf dem Gipfel zubereiten, ist weit davon entfernt. Das Eigelb ist zwar gestockt (und womöglich sogar genau so, wie Sie es wünschen), doch das Eiweiß ist glibberig.

Nun darf man die Flinte nicht so schnell ins Korn werfen, wenn man experimentiert. Es ist durchaus nicht unüblich, dass ein Experiment fehlschlägt, denn die Natur tut einem nicht den Gefallen, in einem Versuch nur den einen Effekt zu zeigen,

175

der einen gerade interessiert, sondern sie lässt immer auch alle anderen denkbaren Einflüsse mitspielen; so kann schon ein Luftzug oder ein schwerer Lkw, der auf der Straße vor dem Labor vorbeifährt, dafür sorgen, dass das Experiment fehlschlägt und unsinnige Ergebnisse liefert. In so einem Fall muss man den Versuch wiederholen und, sollte das nichts an den unsinnigen Resultaten ändern, den Aufbau verbessern. Sollte auch das nichts helfen, kann es bedeuten, dass man etwas Großem auf der Spur ist, das bisher noch niemand kennt oder erklären kann – oder dass man Murks gemacht hat. Im Falle des Eierkochens erspare ich Ihnen die lange, mühevolle Arbeit erneuter Versuche: Selbst bei einem perfekten Versuchsaufbau – glasklarem Wasser, einwandfreiem Gaskocher, durchschnittlichem Ei, ruhigem Wetter – schlägt das Experiment fehl. Immer. Das Eiweiß wird partout nicht fest. Haben Sie also Murks gemacht? Nein, Sie sind durch Ihren Eierkochversuch tatsächlich etwas auf die Spur gekommen. Allerdings tut es mir leid, Ihnen mitteilen zu müssen, dass es nichts Großes und Unbekanntes ist, sondern ein sehr gut verstandenes Phänomen, für dessen experimentellen Nachweis Sie wenig Ruhm, ja wahrscheinlich sogar wenig Aufmerksamkeit bekommen werden. Es ist trotzdem faszinierend.

Was hier vor sich geht: Das möchte ich Ihnen jetzt noch nicht verraten. Es ist überaus unwahrscheinlich, dass Sie sich just in diesem Moment auf dem Mount Everest befinden und dringend die Lösung Ihres Eierproblems wissen wollen; hingegen ist es nicht ganz so unwahrscheinlich, dass Sie gerade Urlaub in den Alpen machen, und dort können Sie dem Rätsel selbst auf die Spur kommen, was doch viel schöner ist, als sich die Lösung gleich verraten zu lassen.

Das Experiment (realistischere Version): Begeben Sie sich auf die Zugspitze. (Sie müssen nicht einmal klettern, sondern können ganz bequem mit der Seilbahn hochfahren.) Bringen Sie einen Topf Wasser zum Kochen und messen Sie mit einem Thermometer die Temperatur.

Was Sie sehen: Das Wasser brodelt, das Thermometer zeigt aber nur etwa 90 Grad Celsius an.

Was hier vor sich geht: Wir überspringen die Fehlersuche und die zahlreichen Wiederholungen des Experiments, die bei so einem absurden Ergebnis nötig sind, und kommen sofort zur Erklärung. Das Thermometer ist nicht kaputt. Das, was wir hier sehen, ist völlig korrekt, es ist die *Siedetemperatur* von Wasser; allerdings beträgt sie auf der Zugspitze offenbar nicht 100 Grad Celsius, wie Sie es in der Schule gelernt haben und in der Küche zu Hause jederzeit verifizieren können, sondern etwa 10 Grad weniger. Das liegt am *Luftdruck*. In großer Höhe ist der Luftdruck geringer als am Boden. Wie genau Höhe und Druck zusammenhängen, beschreibt die sogenannte *barometrische Höhenformel* (vom altgriechischen βαρύς/barýs, schwer, und μέτρον/métron, Maß; was »Formel« bedeutet, wissen Sie hoffentlich). Ohne Sie mit Details zu langweilen, besagt sie: Je höher man kommt, desto geringer wird der Luftdruck. Und das hat Konsequenzen für die Eierzubereitung, denn ein geringerer Luftdruck lässt Wasser früher kochen.

Ob ein Stoff *fest*, *flüssig* oder *gasförmig* ist, hängt nicht nur von seiner Temperatur ab, sondern auch vom *Druck*. Sie haben gelernt, dass Wasser bei 0 Grad Celsius gefriert und bei 100 Grad Celsius kocht, und es wird Sie nicht überraschen zu hören, dass das auch oft so ist – allerdings nur, solange ein normaler Luftdruck herrscht. Normal bedeutet: so, wie er auf Höhe des *Meeresspiegels* im Durchschnitt anzutreffen ist. Man hat sich für diesen Durchschnittsluftdruck auf den eher mittelmäßig handlichen Wert von 1,01325 bar geeinigt. 1,01325 bar ist der *Normdruck*, und bei diesem Druck kocht

Wasser bei den bekannten 100 Grad Celsius. Doch sobald sich der Luftdruck ändert, ändert sich auch dieser Siedepunkt: Bei geringerem Luftdruck siedet Wasser schon bei niedrigeren Temperaturen.

Sieden bedeutet, dass flüssiges Wasser gasförmig wird. Die Wasserteilchen sausen durch den Topf – das machen sie übrigens immer, auch bei Zimmertemperatur und einer glatten Wasseroberfläche, wir können es bloß nicht sehen –, und je wärmer es wird, desto schneller und heftiger sind sie unterwegs. Für Physiker sind *Temperatur* und *Teilchenbewegung* ein und dasselbe. Wenn es heißer und heißer wird, werden die Wasserteilchen immer schneller, bis sie genug Schwung haben, um sich von den Anziehungskräften der anderen Wasserteilchen loszureißen und den Topf zu verlassen. Sie sind jetzt keine Mitglieder im lockeren Verbund der *Flüssigkeit* mehr, sondern steigen als Gas empor; sie sind kein Wasser mehr, sondern *Wasserdampf*. Bei ihrer Flucht aus dem Topf müssen die flinken Wasserteilchen jedoch nicht nur die Anziehungskräfte ihrer Kollegen überwinden, sondern auch noch eine weitere Barriere: den Luftdruck. Schließlich ist der Platz über dem Topf nicht frei, sondern ganz gut besetzt. Hier tummeln sich Luftmoleküle, und je mehr es von ihnen gibt, desto schwerer haben es die vagabundierenden Wasserteilchen, sich dazwischenzuquetschen. Der Luftdruck ist wie ein unsichtbarer Deckel auf dem Topf und drängt einen Teil der zappeligen Wasserteilchen wieder zurück in die Flüssigkeit. Irgendwann schießen die Wasserteilchen aber so heftig aus dem Topf, dass der Luftdruck sie nicht mehr aufhalten kann und sie den Topf tatsächlich als Wasserdampf verlassen. Bei Normdruck, also auf Höhe des Meeresspiegels, ist eine Temperatur von genau 100 Grad Celsius nötig, damit sie es schaffen, doch wenn die Luft nicht so stark drückt, zum Beispiel oben auf dem Berg, fällt es den Wasserteilchen leichter, und sie brauchen nicht ganz so viel Schwung, das heißt

8848m

nicht ganz so viel Hitze. Deshalb kocht Wasser in der Höhe bei einer geringeren Temperatur als auf Meereshöhe, das heißt früher.

Wenn Sie auf den nächsten Hügel gehen, kocht Wasser dort also schon bei geringeren Temperaturen. Allerdings werden Sie das kaum bemerken, weil der Effekt viel zu winzig ist, das heißt, weil der Druckunterschied so gering ist, dass die Siedetemperatur nur minimal reduziert wird. Die Sache sieht aber anders aus, wenn Sie in wirklich große Höhen kommen. Auf der Zugspitze, in 2962 Metern über dem Meeresspiegel, kocht Wasser wegen des geringen Luftdrucks bereits bei 90 Grad Celsius.

Kann man auf der Zugspitze schneller kochen?

Leider nein – im Gegenteil! Das Wasser kocht zwar schneller, aber es wird nicht heißer als 90 Grad. Es verdampft, wenn man es weiter erhitzt. Das verlängert die Garzeiten, da weniger Wärme auf die Speisen übergehen kann. Ein Fünf-Minuten-Ei braucht auf der Zugspitze mehr als fünf Minuten.

Wie lange muss ich auf dem Mount Everest warten?

Normalerweise braucht man beim alpinen Kochen einfach nur etwas mehr Geduld als sonst, weil Speisen länger kochen müssen, um gar zu werden. Das ist auch auf dem Mount Everest so. Das harmlose Frühstücksei ist jedoch ein besonders kniffliger Fall: Es will partout nicht gelingen, egal wie lange man es kocht. Das liegt daran, dass der Mount Everest so hoch ist: In einer Höhe von 8848 Metern über dem Meeresspiegel ist der Luftdruck nur ein Drittel so hoch wie unten im Tal, er beträgt gerade einmal rund 0,3 bar, und weil die Luft hier oben so wenig Widerstand leistet, kocht Wasser bereits bei 70 Grad. Diese Temperatur ist einfach zu gering, um ein Frühstücksei zuzubereiten, denn das *Eiweiß* gerinnt erst bei rund 85 Grad. Sie können das Ei auf dem Mount Everest also so lange kochen, wie Sie wollen – das kochende Wasser ist einfach zu kalt, um das Eiweiß hart werden zu lassen.

Wenn Sie es genau wissen wollen: Eben habe ich gesagt, dass man das Absinken des Siedepunkts nicht bemerkt, wenn man auf den nächsten Hügel steigt. Das liegt daran, dass der Höhenunterschied so gering ist (andernfalls wäre es ja kein Hügel, sondern ein Berg) und sich somit die Siedetemperatur auch nur wenig ändert. Ohnehin vermute ich, dass Sie nicht immer ein Thermometer mit sich führen, um bei kochendem Wasser die exakte Temperatur zu bestimmen. Aber selbst wenn Sie eines bei sich hätten – was ich zwar skurril fände, als Wissenschaftler jedoch ohne allzu große Verwunderung hinnehmen könnte – und selbst wenn es Ihnen eine andere Siedetemperatur als 100 Grad Celsius anzeigte, wäre es schwer, einen Höhenunterschied von wenigen Metern dafür verantwortlich zu machen. Denn bei einem so ungenauen Experiment können kleine Schwankungen durch alles Mögliche hervorgerufen werden, etwa eine andere Zusammensetzung des Wassers, ein ungenaues Thermometer, Ablesefehler oder auch äußere Einflüsse wie das Wetter, durch das sich der Luftdruck schließlich auch ändert. Als Faustformel kann man sagen: Etwa pro 300 Meter Höhe sinkt der Siedepunkt von Wasser um ein Grad. Wenn Sie den Effekt bei sich zu Hause bestaunen wollen, aber zum Beispiel in Berlin wohnen, haben Sie also schlechte Karten. Selbst wenn Sie den Teufelsberg erklimmen, was wie eine teuflische Herausforderung klingt, aber keine ist, da der Berg nur rund 120 Meter hoch ist (damit aber immerhin eine der höchsten Erhebungen der Stadt), werden Sie keine große Änderung bei der Siedetemperatur von Wasser feststellen.

Wo findet man das noch? Dass der Luftdruck mit der Höhe abnimmt, ist überaus praktisch, wenn man wissen will, auf welcher Höhe man sich gerade befindet. Für die meisten ist das ziemlich uninteressant, Piloten sehen das aber ganz anders. Und auch Fallschirmspringer und Wanderer geraten mitunter in eine Situation, in der sie schnell herausfinden wollen, in welcher Höhe sie sich gerade befinden. Sie benutzen dann einen *Höhenmesser*, den der Profi auch *Altimeter* nennt (ein zusammengebauter Fachbegriff aus dem lateinischen altus, hoch, und dem altgriechischen μέτρον/métron, Maß). So ein Altimeter misst nicht die Höhe (wie auch?), sondern den Luftdruck, aber weil Höhe und Luftdruck zusammenhängen, kann man das eine in das andere umrechnen; ein Altimeter ist also, salopp gesagt, nur ein Luftdruckmessgerät mit einer anderen Skala. Weil der Luftdruck am Boden hier und da unterschiedlich ist und sich vor allem auch mit dem Wetter ändert, muss man einen Höhenmesser aber immer auf die gerade vorherrschenden Bedingungen einstellen, ansonsten wird die Messung ungenau.

Nicht nur der Zusammenhang zwischen Druck und Höhe ist praktisch, auch der Zusammenhang zwischen Druck und Siedetemperatur. Was Bergsteiger, die ein Ei kochen wollen, ärgert, hilft in der Küche, denn der Effekt, dass Wasser bei geringem Druck schon früh siedet und deshalb nicht so heiß wird, funktioniert auch andersherum: Bei besonders hohem Druck muss Wasser heißer als 100 Grad werden, bis es kocht. Das ist das Geheimnis des Schnellkochtopfs. In seinem Inneren baut sich nach und nach ein Druck auf, der nicht sofort entweichen kann, weil der Deckel fest verschlossen ist. Dieser hohe Druck hält das Wasser zusammen, obwohl die Wasserteilchen schon besonders heiß und schnell sind. Erst bei Temperaturen deutlich über 100 Grad haben sie so viel Temperament, dass sie die Flüssigkeit verlassen können; dann erst siedet das Wasser. Im Schnellkochtopf werden Speisen also mit einer höheren Temperatur als 100 Grad gekocht und dadurch schneller gar.

Kritische Nachbemerkung: Anfangs habe ich gesagt, die Physik mache Ihnen einen Strich durch die Rechnung, wenn Sie in großer Höhe Eier kochen wollen, ganz gleich, wie Sie Ihr Ei bevorzugen. Das ist, genau genommen, nicht richtig. Wenn Sie Ihr Ei roh bevorzugen, hat die Physik überhaupt nichts dagegen.

Und auch halb gar ist möglich, denn für das *Eigelb* reicht die Siedetemperatur auf dem Mount Everest aus: Es gerinnt bereits bei rund 65 Grad Celsius. Sollten Sie bei Ihrem Frühstücksei festes Eigelb und glibberiges Eiweiß bevorzugen, können Sie es sich auf dem Mount Everest also gut gehen lassen und jeden Morgen unter den neidischen Blicken der langweiligen Normalos Ihr persönliches perfektes Ei zubereiten.

Noch eine kritische Nachbemerkung: Vielleicht ist Ihnen beim Lesen dieses Kapitels der ketzerische Gedanke gekommen, dass es sich hier um ein reichlich theoretisches Gedankenspiel handelt. Ich stimme Ihnen zu. Ich bin kein Bergsteiger, aber ich vermute, auf frisch gekochte Eier verzichten zu müssen ist verschmerzbar, wenn man den Mount Everest erklimmt. Bei dieser gewaltigen Anstrengung und in dieser lebensfeindlichen Umgebung gibt es höchstwahrscheinlich gravierendere Einschränkungen als die der Frühstücksauswahl.

Außerdem verbietet die Physik nicht per se hart gekochte Eier. Es ist durchaus möglich, ein hart gekochtes Ei mit auf den Gipfel zu nehmen und dort in kochendem Wasser zu erwärmen. Die Siedetemperatur von 70 Grad Celsius reicht dazu allemal aus, und ich vermute, in der dünnen Luft, in der eisigen Kälte und bei den körperlichen und psychischen Strapazen des Aufstiegs werden Sie den Unterschied zu einem frisch gekochten Ei nicht schmecken.

Wenn Sie jedoch auf den Genuss frisch gekochter Eier partout nicht verzichten mögen, können Sie einen Schnellkochtopf mit nach oben nehmen. Ich kenne mich mit Bergsteigen wie gesagt überhaupt nicht aus, ich vermute aber, dass Ihnen jeder erfahrene Sherpa bestätigen wird, dass es prinzipiell keine gute Idee ist – ob nun mit Schnellkochtopf oder ohne –, rohe Eier mit auf den Mount Everest zu nehmen. Die Physik und der gesunde Menschenverstand sind sich hier einig.

Bunt wie Schnee

Warum ist Schnee weiß?

Der Sänger Bing Crosby träumte in den 1940er-Jahren von einer weißen Weihnacht, und wir können ihm Jahr für Jahr aufs Neue dabei zuhören. »White Christmas« wurde seither von vielen anderen Musikern und sonstigen Gestalten eingespielt, sodass man in der Weihnachtszeit kaum drum herumkommt, doch egal, welche Versionen man nun hört, sie alle übergehen geflissentlich, dass Schnee eigentlich bunt ist. So bunt, dass er weiß ist. Das klingt nicht mehr ganz zurechnungsfähig, aber das ist Physik.

Das Experiment: Zum einen benötigen Sie Schnee; wenn es bei Ihnen gerade nicht schneit und Ihnen Weihnachtsromantik nicht so wichtig ist, tut es auch etwas von den Wänden abgekratztes Eis aus dem Gefrierschrank. Zum anderen brauchen Sie buntes Licht; sollten Sie gerade keine exquisite Lichtinstallation zur Hand haben, bei der Sie die Beleuchtung je nach Stimmung in einer anderen Farbe einstellen können, können Sie auch einfach eine Schreibtischlampe nehmen und mit farbigem Transparentpapier aus dem Bastelgeschäft abdecken. (Passen Sie dabei aber bitte auf, dass das Papier nicht heiß wird und Feuer fängt. Wenn Sie auf Nummer sicher gehen wollen, verwenden Sie am besten hitzebeständige Farbfolien, die für Film und Fotografie eingesetzt werden.) Geben Sie eine Handvoll Schnee auf einen Teller und beleuchten Sie

185

ihn mit farbigem Licht. Probieren Sie nacheinander verschiedene Farben.

Was Sie sehen: Der weiße Schneehaufen sieht unter buntem Licht selbst bunt aus; er hat immer die Farbe, mit der er beleuchtet wird.

Was hier vor sich geht: Dass etwas, das grün beleuchtet wird, grün aussieht, überrascht Sie wahrscheinlich wenig, aber es ist ganz und gar nicht selbstverständlich. Wenn Sie beispielsweise einen schwarzen Pullover mit grünem Licht beleuchten, erscheint er nicht im gleichen hellen Grün wie das Licht, sondern dunkler; im Extremfall sieht er womöglich sogar genauso schwarz aus wie unter normalem Licht. Dass der Schneehaufen immer just die Farbe zu haben scheint, mit der er beleuchtet wird, zeigt Ihnen, dass Schnee selbst keine eigene Farbe besitzt, sondern immer das farbige Licht reflektiert, das auf ihn fällt – anders als ein schwarzer Pullover.

Schnee besteht aus *Eiskristallen*. Eigentlich ist so ein Eiskristall durchsichtig, wie man es von Eis kennt, aber seine glatten Oberflächen wirken wie winzige Spiegel und werfen Licht zurück. Nun ist Schnee kein Spiegel – sonst würden wir uns darin ja spiegeln –, aber er ist ein chaotischer Haufen aus unzähligen spiegelnden Kristallen, die unordentlich aufeinander und durcheinander herumliegen. Jeder von ihnen reflektiert Licht, das aus der Umgebung kommt, und auch Licht, das von anderen Eiskristallen gespiegelt wurde. Die Kristalle *reflektieren* aber nicht nur, sie lassen auch ein bisschen Licht durch, sie zerlegen es wie ein *Prisma* in seine Einzelfarben und lenken diese Farben in verschiedene Richtungen ab. Das Ganze spielt sich unzählige Male ab, und das, was schließlich unser Auge erreicht, ist eine Mischung aus all diesem Licht, eine Mischung aus allen möglichen Farben, und die ergibt in unserem Auge einen weißen Eindruck. Experten nennen das *diffuse Reflexion*,

weil Lichtstrahlen nicht geordnet reflektiert werden wie bei einem schön planen (das heißt: flachen) Spiegel, sondern wild durcheinander, sodass sie sich überlagern und weißes Mischlicht entsteht.

Dass Eiskristalle alles reflektieren, was an Farben so durch die Gegend fliegt, sieht man, wenn man ihnen hauptsächlich nur eine einzige Farbe vorsetzt: Schnee sieht unter grünem Licht grün und unter rotem Licht rot aus. Im Alltag hat Schnee es nicht mit hauptsächlich einfarbigem Licht, sondern mit Licht in allen möglichen Farben zu tun, und er mischt diese Farben so wild durcheinander, dass er letzten Endes weiß aussieht, obwohl er es genau genommen nicht ist.

Wieso sieht eine Mischung aus bunten Farben weiß aus?

Das klingt doch irgendwie absurd, man kennt es ja schon vom Farbkasten anders: Wenn man alle Farben miteinander mischt, erhält man kein Weiß, sondern ein schmutziges Dunkelbraun. Doch der Farbkasten ist ein irreführendes Beispiel, denn seine Farben bestehen nicht aus Licht. Bunte Wasserfarben zu mischen ist etwas anderes, als buntes Licht zu mischen.

Falls Sie nun überrumpelt und verwirrt sind, machen Sie sich nichts draus, darauf ist auch schon Johann Wolfgang von Goethe reingefallen. 1810 schrieb er in seinem Physikbuch »Zur Farbenlehre«: »Das Licht […] ist nicht zusammengesetzt. Am allerwenigsten aus farbigen Lichtern. Jedes Licht, das eine Farbe angenommen hat, ist dunkler als das farblose Licht. Das Helle kann nicht aus Dunkelheit zusammengesetzt sein. Alle aufgestellten Experimente sind falsch.« Sosehr man Goethe als Dichter schätzen mag – das ist leider kompletter Unsinn. Goethe vermischt die Begriffe *Licht* und *Farbe*. Es gibt Lichtwellen, die wir rot sehen, es gibt Lichtwellen, die wir grün sehen, es gibt Lichtwellen, die wir blau sehen – aber es gibt keine, die wir weiß sehen. Weißes Licht gibt es nur als Mischung, es ist aus allen anderen Lichtfarben zusammengesetzt.

Falls der Schnee noch nicht geschmolzen ist, Sie im Rausch des Experimentierens gleich mehrere Farbfolien gekauft haben und drei Lampen besitzen, dann strahlen Sie den Schneehaufen doch einmal mit rotem, grünem und blauem Licht gleichzeitig an. Dort, wo sich die Lichtkegel überschneiden, sehen Sie: Weiß! Sie haben das weiße Licht aus rotem, grünem und blauem Licht zusammengesetzt. Man spricht von *additiver Farbmischung*: Hier kommt farbiges Licht zusammen und addiert sich zu Weiß. Dass das für uns verwirrend und nicht intuitiv ist, liegt am Farbkasten, der uns beibringt, dass Farben sehr hässlich und dunkel werden, wenn wir sie mischen. Doch den armen Farbkasten trifft keine Schuld, es ist schlicht die Natur der Farben, die uns vermeintlich in die Irre führt. Farben werden nach anderen Regeln gemischt als Licht, und im Alltag haben wir eben fast nur mit Farben und Mischungen aus Farben zu tun, selten mit Licht und gemischtem Licht.

Wo findet man das noch? Die additive Farbmischung, das Regelwerk, nach dem sich verschiedenfarbiges Licht überlagert, und die diffuse Reflexion, bei der Licht aus verschiedenen Richtungen so durchgemischt wird, dass es weiß aussieht, begegnen uns nicht nur bei Schnee, sondern auch bei weißem Papier, bei weiß verputzten Wänden und bei Salz. Salz ist, genau genommen, nicht weiß. Wir kennen es in der Regel nur fein gemahlen für den Salzstreuer, aber man kann es auch in größeren Brocken kaufen, die fast glasklar sind. Erst wenn man sie zertrümmert, werden sie weiß. Eigentlich ist Salz also durchsichtig wie ein Eiskristall, aber wenn viele kleine Salzkristalle unordentlich auf einem Haufen herumliegen, dann reflektieren sie Licht aus der Umgebung in alle möglichen Richtungen, und die Mischung aus all diesem Licht, die unser Auge erreicht, sieht weiß aus – genau wie beim Schnee.

Den gleichen physikalischen Effekt, der hinter der weißen Farbe von Schnee und Salz steckt, nutzen übrigens Fernseher und Monitore: Sie können nur ganz wenige Lichtfarben einzeln erzeugen, mischen diese aber geschickt zusammen, sodass Millionen Mischfarben entstehen. Welche Einzelfarben man wie kombinieren kann, um in der Mischung möglichst brillante und möglichst viele verschiedene Farben zu erhalten, ist eine Wissenschaft für sich.

Goethe hatte etwas zum Thema Physik zu sagen?
Goethe hatte zu so ziemlich jedem Thema etwas zu sagen. Es gibt sogar ein eigenes Lexikon, in dem Sie auf vielen Hundert Seiten seine Sprüche zu Themen von A bis Z nachlesen können.

Der ungestüme Elan des Champagners

Weshalb spritzt Champagner aus der Flasche?

In der Formel 1 ist es gang und gäbe, mit einer Flasche Champagner herumzuspritzen, wenn man besonders schnell gefahren ist, anders als zum Beispiel im Straßenverkehr. Man mag das Herumgespritze affig finden, aber es ist ein physikalisch hochkomplexer und spannender Vorgang.

Das Experiment: Spielen Sie Rennfahrer und spritzen Sie mit einer Flasche Champagner herum! Ich spare mir detaillierte Anweisungen, wie das geht, denn Sie werden es intuitiv richtig machen, Sie haben die Schweinerei schließlich oft genug im Fernsehen gesehen. Richtig interessant wird das Experiment allerdings erst, wenn der Korken abgeflogen, der erste Schluck verspritzt und die Champagnerfontäne verebbt ist. Was machen Sie nun, um den erlesenen Spaß der dummen Verschwendung aufs Neue zu entfachen? Auch hier werden Sie höchstwahrscheinlich das tun, was Rennwagenfahrer machen: Sie pressen den Daumen auf die Flaschenöffnung, schütteln die Flasche heftig und heben den Daumen wieder ein kleines bisschen von der Flasche ab.

Was Sie sehen: Gerade erst versiegt, schießt der Champagner jetzt mit neuer Kraft aus der Flasche heraus, die Fontäne spritzt meterweit. Dieser Ausbruch ist obskur: Woher nimmt der erschlaffte Champagner plötzlich seine Energie?

Was hier vor sich geht: Der ungestüme Elan des Champagners kommt von dem Gas, das er enthält. Es ist *Kohlenstoffdioxid*, das bekannte Treibhausgas, das Sie und ich regelmäßig ausatmen. (Wenn Sie nun glauben, die Ursache gefunden zu haben, warum Ihr Atem immer nach Alkohol riecht, muss ich Sie leider enttäuschen: Kohlenstoffdioxid ist geruchlos. Das muss also andere Gründe haben.) Das Kohlenstoffdioxid ist während der Gärung auf natürliche Weise entstanden und hat sich in der Flasche ausgebreitet. Es füllt nicht nur den Flaschenhals, sondern ist auch in den Champagner eingetaucht und schwimmt herum, es ist in der Flüssigkeit *gelöst*. Man sieht es der Flasche nicht an, aber sie enthält raue Mengen des Gases: In einer gewöhnlichen Champagnerflasche, wie Sie sie für den Hausgebrauch im Supermarkt kaufen können, verbergen sich ungefähr 5 Liter Kohlenstoffdioxid.

Da die Flasche jedoch nicht einmal einen Liter fasst, können Sie sich vorstellen, dass das Gas im Inneren regelrecht zusammengequetscht ist und es eng findet. Die Flasche steht dadurch unter *Druck*, das heißt, auf die Innenseite der Flasche wirkt eine *Kraft*. Da das Glas dick genug ist und der Korken, die einzige Schwachstelle im Champagner-Gefängnis, durch einen Drahtkorb festgehalten wird, passiert nichts; aus Sicht des Gases ist die Flasche wie eine massive Wand, an der es nichts ausrichten kann. Wenn Sie jedoch Rennfahrer spielen und den Drahtkorb lösen, reicht die Kraft des Gases vielleicht schon ohne weiteres Zutun aus, um den Korken schlagartig aus der Flasche zu schieben. Und wenn nicht – wenn der Korken besonders fest sitzt –, brauchen Sie die Flasche nur ein bisschen zu schütteln, dann wächst der Druck im Inneren innerhalb weniger Augenblicke so stark an, dass der Korken vor der übermächtigen Gas-Kraft kapitulieren muss und abfliegt. Der Grund dafür ist, dass Sie durch das Schütteln den Druck in der Flasche durcheinanderbringen. Ich sage hier so lapidar »den«

Druck, dabei herrscht in der Flasche nicht nur ein einziger Druck, sondern man findet, wenn man sie in winzigen Schritten, in Bruchteilen von Millimetern, durchläuft, eine chaotische Vielzahl verschiedener Drücke. Für gewöhnlich interessieren einen solche Details nicht, weshalb es opportun ist, sie zu ignorieren und sich nur den Druck im Großen und Ganzen anzuschauen – so wie man im Wetterbericht auch nur eine Temperatur für eine Stadt angibt und nicht eine für jeden Zentimeter auf dem Stadtplan. Doch manchmal muss man ins Detail gehen, zum Beispiel um zu verstehen, wieso durch Schütteln der Druck steigt: Durch das Schütteln sorgen Sie dafür, dass hier und da im Champagner für einen winzigen Moment kleine Gebiete mit besonders niedrigem Druck entstehen, was es dem Gas hier leicht macht, aus dem Champagner zu fliehen. Denn je geringer der Druck ist, desto weniger Gas nimmt eine Flüssigkeit auf, das beschreibt das *Henry-Gesetz*. Sinkt der Druck, wird der Champagner weniger gastfreundlich beziehungsweise weniger gasfreundlich und schmeißt mehr Kohlenstoffdioxid raus. Sie schütteln praktisch das Gas aus dem Getränk.

Ist der Korken erst einmal weggesprengt, entweicht das Gas, das im Flaschenhals sitzt, in Sekundenbruchteilen, und auch das Gas, das noch im Champagner gelöst ist, spürt die offene Tür. Verantwortlich ist wieder das Henry-Gesetz, genau wie eben beim Schütteln, nur dieses Mal in großem Maßstab: Der Druck, der das Gas bis eben noch in der Flüssigkeit gehalten hat, fehlt plötzlich, und es prescht ins Freie. Es bildet Bläschen, reißt Champagner mit und schießt als Fontäne heraus, dem Korken hinterher.

Ist der erste Schluck verspritzt, reicht das austretende Gas nicht mehr, um die stattliche Fontäne aufrechtzuerhalten; der jähe Druckabfall ist vergessen, und der Champagner gibt sein verbleibendes Gas nun gemächlicher ab. Doch selbst wenn die Flasche nur noch halb voll ist, können Sie den Champagner aufpeitschen, indem Sie die Flasche mit dem Daumen verschließen und heftig schütteln. Wie eben auch sorgen Sie dadurch für Druck-Störungen in der Flasche, die es dem gespeicherten Gas hier und da besonders leicht machen auszutreten. Für eine Fontäne ist die Flasche allerdings schon zu leer – zu leer an Flüssigkeit und zu leer an Gas –, sodass Sie nachhelfen müssen: Indem Sie den Daumen nur ein kleines bisschen vom Flaschenhals lösen, produzieren Sie einen dünnen, kräftigen Strahl, der angesichts des kleinen Champagnerrests in der Flasche wirklich sensationell ist. Dahinter steckt die *Kontinuitätsgleichung*, die beschreibt, wie *Dichte* und *Strömung* zusammenhängen. Sie ist mathematisch kompliziert, aber besagt etwas Einleuchtendes und Anschauliches: Wenn sich eine Flüssigkeit nicht verdichten lässt und durch ein Rohr strömt, das keinen Abfluss und keinen Zulauf hat, dann muss durch jedes Rohrstück innerhalb eines Zeitfensters dieselbe Menge Flüssigkeit fließen. (Wäre dem nicht so und flösse durch ein Stück in einem Augenblick mehr als durch ein anderes, dann müsste diese zusätzliche Menge ja irgendwoher kommen, beziehungsweise wenn durch ein Stück in einer gewissen Zeit weniger flösse als durch ein anderes, dann müsste die fehlende Flüssigkeit ja irgendwo geblieben sein.) Die Kontinuitätsgleichung wenden Sie an, wenn Sie den Daumen auf der Flasche anheben: Der Champagner strömt durch den Flaschenhals beziehungsweise durch das Rohr (um im Bild zu bleiben), trifft nun aber auf eine engere Stelle, und weil in der gleichen Zeit durch alle Stellen im Rohr die gleiche Menge Champagner fließen muss, muss er am Engpass besonders schnell strömen und schießt regelrecht aus der dünnen Öffnung heraus. Den Zusammenhang können Sie auch andersherum beobachten, wenn Sie den Daumen komplett von der Flasche lösen und so den Querschnitt des Rohres wieder vergrößern. Damit in der gleichen Zeit die gleiche Portion Champagner durch die Öffnung fließt wie durch den Flaschenhals, muss der Champagner nun nicht

mehr schneller strömen, sondern kann es sich leisten, wieder langsamer zu fließen.

Kann ich das Experiment auch mit Sekt machen? Champagner ist mir zu teuer. Natürlich. Ein Schaumwein, der nicht aus der Champagne kommt, darf nicht »Champagner« heißen, aber der Physik ist das egal. Aus wissenschaftlicher Sicht sind Champagner und Sekt für das Experiment gleich gut geeignet, wichtig ist nur, dass das Getränk genug Kohlenstoffdioxid enthält, sonst entlocken Sie der Flasche keine majestätische Fontäne, sondern nur einen schalen Schluck. Sie könnten das Experiment, wenn Ihnen Sekt und Champagner zu teuer sind, auch mit Cola versuchen, allerdings beschwören Sie damit wahrscheinlich nur wenig Motorsportatmosphäre herauf. (Außerdem wird es wegen des hohen Zuckergehaltes der Cola klebriger.)

Apropos: Warum spritzen Rennfahrer mit Champagner, wenn sie gewonnen haben? Die Frage hat mich die ganze Zeit beschäftigt, während ich dieses Kapitel geschrieben habe, und ich habe recherchiert.

Ein namhafter Champagnerhersteller rühmt sich auf seiner Internetseite, schon seit vielen Jahren den Champagner für die Siegerehrung in der Formel 1 bereitzustellen. Ich bin nun kein versierter Schaumweinkenner, und von Motorsport und Marketing verstehe ich ebenfalls nicht viel, aber ich halte das für recht zweifelhafte Werbung, denn es mag nicht so recht vom edlen Geschmack überzeugen, dass der Champagner lieber verspritzt als getrunken wird. Wenn es mein Getränk wäre, das Rennfahrer da verspritzen, anstatt zu trinken, hielte ich es möglichst geheim. Auf seiner Internetseite bewirbt der Hersteller seine Spritzpulle allerdings sogar noch mit erlesenen Worten: Das Bouquet vereine frische, saftige Früchte mit exotischen Noten von Litschi und Ananas, offenbare eine Spur Vanille und erweitere sich um den Duft getrockneter Früchte und Honig, der Auftritt auf der Zunge sei eine Frischeexplosion, gefolgt von einem komplexen Zusammenspiel frischer Früchte und Karamell, das die Intensität zu verewigen suche. Macht Ihnen das nicht auch Lust, die ganze Flasche sofort zu verspritzen? Angeblich exquisitester Geschmack, und dann trinkt keiner davon? Irgendetwas stimmt da doch nicht!

Überhaupt ist es befremdlich, dass sportlicher Triumph mit einer Riesenflasche eines alkoholhaltigen Süßgetränks gefeiert wird. Sportler trinken doch sicherlich selten zuckerhaltige Sprudelgetränke und noch seltener Alkohol. Und als Preis für den Sieg ist die Flasche auch seltsam, denn eigentlich schenkt man eine Flasche Alkohol doch nur aus Verlegenheit, wenn einem sonst nichts Besseres einfällt. Freundlicherweise hilft uns besagter Hersteller, das Rätsel aufzulösen, und schildert auf seiner Homepage die legendäre Geschichte, wie es dazu kam, dass Rennfahrer edlen Champagner verspritzen: Der Große Preis von Frankreich fand 1950 in Reims statt, und weil dort Champagner hergestellt wurde (beziehungsweise nach wie vor wird), erhielt der Gewinner zum Sieg eine exemplarische Flasche dieses Regionalerzeugnisses. Aus nicht näher beschriebenen Gründen (die aber interessant zu erfahren gewesen wären) wurde diese Sitte beibehalten. So erhielt auch der Gewinner des 24-Stunden-Rennens von Le Mans im Jahr 1966 eine Flasche Champagner. Die jedoch war nicht gekühlt und explodierte. (Dass den Gewinnern warmer Schaumwein serviert wird, spricht, nebenbei bemerkt, ebenfalls nicht gerade dafür, dass es sich in der Formel 1 um erlesenen Champagner-Genuss handelt.) Im darauf folgenden Jahr, 1967, wiederholte der Gewinner des 24-Stunden-Rennens dieses offensichtlich einprägsame Malheur und verspritzte seinen Champagner absichtlich. Seither wird auf dem Podium mit Champagner herumgesprüht.

Ich finde es mit diesem neuen Hintergrundwissen schade, dass der Große Preis von Frankreich 1950 in Reims stattfand.

Wäre die Gegend nicht für Champagner bekannt gewesen, sondern zum Beispiel für Wurst, dann würde einem Formel-1-Gewinner nun vielleicht eine Wurstkette um den Hals gehängt. Das fände ich unterhaltsam. Zum Beispiel ist die Stadt Vire in der Normandie bekannt für ihre aus Schweinegedärmen hergestellte Wurst namens »Andouille«. Dort sollte mal ein Autorennen stattfinden!

Was passiert, wenn ich eine geschlossene Flasche schüttele? Vielleicht finden Sie, dass das Herumspritzen mit Champagner zur Feier einer besonders schnellen Autofahrt eine Verschwendung von Lebensmitteln ist. Vielleicht fragen Sie sich daher, ob man das Experiment auch mit einer geschlossenen Flasche machen könnte, um Champagner zu sparen – schließlich fehlen Ihnen vor lauter Naturwissenschaft sowieso schon der Rausch der Geschwindigkeit und das triumphale Rennfahrergefühl, da braucht man auch keine Flasche mehr zu öffnen. Vielleicht vermuten Sie, dass die Gesetze der Physik in einer geschlossenen Flasche genauso gelten. Ich stimme Ihnen zum Teil zu.

Erst einmal widerspreche ich aber. Sie werden nicht in den Genuss kommen, mit einer geschlossenen Flasche die Macht der Kontinuitätsgleichung zu erleben, von außen können Sie nämlich nichts vom Fluss des Champagners sehen. Erst daran, dass er zwischen Daumen und Flaschenöffnung herausschießt, erkennen wir, dass der Champagner an der engen Stelle Geschwindigkeit aufnimmt.

Doch Sie haben natürlich recht, dass die Gesetze der Physik auch in der verschlossenen Flasche gelten, und so können Sie auch von außen erkennen, dass kräftiges Schütteln Kohlenstoffdioxid aus dem Champagner treibt: Im Inneren schäumt es heftig. Der Unterschied zu unserem obigen Experiment ist jedoch, dass die Flasche nach wie vor gut verschlossen ist, sodass das Gas, das der Champagner freigibt, in der Flasche gefangen bleibt. Der Druck im Flaschenhals steigt durch das Schütteln also noch einmal an, aber das Henry-Gesetz gilt auch umgekehrt: Bei höherem Druck nimmt der Champagner mehr Gas auf als bei niedrigem, und so wandert das herausgeschüttelte Gas mit der Zeit wieder in die Flüssigkeit. Mit jedem bisschen Gas, das in den Champagner taucht, sinkt der Druck im Flaschenhals, und der Champagner nimmt durch den geringeren Druck von oben weniger Gas auf, bis irgendwann ein harmonisches *Gleichgewicht* erreicht ist. Dann ändern sich die Menge des Kohlenstoffdioxids, das im Flaschenhals herumfliegt, und die Menge des Kohlenstoffdioxids, das im Champagner gelöst ist, nicht mehr wesentlich.

Wo findet man das noch? Die Kontinuitätsgleichung steckt auch in Ihrem Gartenschlauch: Wenn Sie hinten den Wasserhahn aufdrehen, aber vorne die Öffnung zusammendrücken, schießt der Wasserstrahl weiter hinaus. Wie bei der Champagnerflasche fließt das Wasser schneller, wenn es an eine Engstelle gerät, denn im gleichen Zeitfenster muss die gleiche Menge Wasser durch jedes Stück des Schlauchs, und wenn hinten konstant Wasser nachläuft, geht das nur, wenn es vorne durch die engere Öffnung schneller herausschießt, sonst gäbe es einen Stau im Schlauch (denn Wasser ist – wie alle Flüssigkeiten – ziemlich inkompressibel, das heißt, es lässt sich nicht zusammenstauchen).

Die Kontinuitätsgleichung ist allerdings nicht nur etwas für Gartenschläuche und Champagnerflaschen, sondern sie ist eine Variante eines fundamentalen Prinzips in der Physik und taucht immer wieder in ganz unterschiedlichen Situationen auf. Bei Flüssigkeiten wie Champagner und Leitungswasser sagt das Prinzip, dass im Schlauch oder in der Flasche nicht einfach Flüssigkeit verschwinden kann (deshalb muss das, was drin ist, auch herauskommen, und bei einer engen Stelle eben besonders schnell). Bei elektrischen Ladungen sagt das Prinzip, dass sich Ladungen an einem Ort nicht einfach mir nichts, dir nichts vermehren oder verringern können, dazu braucht es schon fließenden Strom. Das Prinzip ist fundamental und abstrakt, und wenn man es in Formeln aufschreibt, sieht es oft ziemlich gruselig aus.

Es saugt der Wind

Wie deckt ein Sturm Dächer ab?

Hin und wieder stürmt es so heftig, dass Ziegel von den Dächern gerissen werden. Selten jedoch hört man Menschen dann sagen: »Der Sturm hat mir die Dachziegel weggesaugt.« Dabei wäre das physikalisch gesehen korrekt.

Das Experiment: Was der Sturm mit den Dachziegeln anstellt, lässt sich in einer kleinen und völlig ungefährlichen Simulation herausfinden. Sie benötigen dazu einen Schuhkarton, Pappe, Schere, Kleber, Papier, einen Föhn und etwas Muße zum Basteln.

Bauen Sie als Erstes ein Haus mit Satteldach. Keine Sorge, in der Naturwissenschaft geht es selten um Ästhetik, es muss also nicht besonders schön aussehen. Außerdem soll es ein Modell werden und kein echtes Haus. (Bei den genannten Zutaten sollten Sie das bereits geahnt haben. Oder jetzt sehr erleichtert sein.) Nehmen Sie den Schuhkarton als Mauerwerk. Als Dachstuhl reichen drei identische, gleichschenklige Dreiecke aus Pappe, die Sie als Giebel links, rechts und zur besseren Stabilität vielleicht auch mittig auf der Oberseite des Schuhkartons befestigen (wie, das ist Ihrer Bastellust und Erfahrung überlassen – von »hemdsärmelig« bis »Oberingenieur« sind hier alle Varianten zulässig). Verbinden Sie die Giebeldreiecke mit einem First, indem Sie einen Streifen Pappe, der so lang wie der Karton und mittig geknickt ist, an der oberen Spitze der Dreiecke aufkleben. Wenn Sie mögen, können Sie noch Dachbalken spendieren, indem Sie die Dreiecke auch noch auf den beiden Schenkelseiten mit einem langen Streifen Pappe überspannen. Das Dach selbst wird verhältnismäßig rudimentär: Legen Sie auf jede der Schrägseiten ein Blatt Papier und kleben Sie es ausschließlich am First fest. Wenn Sie bis hierhin ungefähr verstanden haben, was ich Ihnen zu beschreiben versuche (Sie merken, dass meine Erfahrung im Haus- und Modellbau übersichtlich genannt werden kann), und wenn Sie beim Basteln ohne größere Schwierigkeiten vorangekommen sind, sollten Sie jetzt ein Haus aus Pappe mit einem Papierdach haben, dessen Dachflächen Sie nach oben aufklappen können.

Simulieren Sie nun einen Sturm, indem Sie auf stärkster Stufe über das Dach föhnen. Richten Sie den Föhn direkt auf eine der beiden schrägen Dachflächen, nicht auf den Giebel, und zielen Sie auf oder leicht über die Dachkante. (Wenn Sie bei Ihrem Föhn die Heizung separat von der Gebläseleistung einstellen können, nehmen Sie besser kalten Wind, denn heiße Luft ist hier nicht nötig, Sie können also Strom sparen.)

Was Sie sehen: Ihr Dach hat wahrscheinlich schon von Anfang an keinen soliden Eindruck gemacht – Sie haben es ja nur aus zwei Blättern Papier gebaut –, es sollte Sie also nicht überraschen, dass der Wind aus dem Föhn es tatsächlich abdeckt: Die Blätter klappen hoch. Was Sie aber vielleicht doch verwundert, ist, dass es auf der dem Föhn abgewandten Seite ebenfalls passiert (und dort vielleicht sogar noch heftiger).

(Apropos: Wenn Ihr Modellhaus als Ganzes wegfliegt, ist Ihr Föhn zu stark. Wenn Sie gar nichts sehen, ist er zu schwach, oder Sie haben versehentlich die kompletten Dachflächen festgeklebt. Und wenn das Haus abbrennt, haben Sie zu viel geheizt – ich sagte Ihnen doch, dass kalte Luft besser ist.)

Was hier vor sich geht: Wind »bläst« Ziegel nicht vom Dach, sondern saugt sie hoch. Das erkennen Sie bei Ihrem Bastelexperiment daran, dass das Dach auch auf der Seite angehoben wird, die der Luftstrom aus dem Föhn gar nicht direkt trifft. Dahinter steckt ein fundamentales Prinzip aus der Strömungsmechanik, das sogenannte *bernoullische Gesetz*: Wenn Gase schneller strömen, sinkt ihr *Druck*.

Mit dem Föhn pusten Sie Luft mit hoher Geschwindigkeit über das Haus, deshalb sinkt hier der Luftdruck. Im Haus ist der Luftdruck jedoch unverändert, die Luft dort bewegt sich schließlich nicht. Oben sinkt der Druck, unten bleibt er gleich, das Dach wird also von oben abgesaugt oder, andersherum betrachtet, von unten hochgedrückt.

Dass sich dieser sonderbare Effekt vor allem auf der windabgewandten Seite zeigt, liegt daran, dass der Wind auf der Seite, auf die er mit voller Wucht auftrifft, das Dach andrückt. Auf der windabgewandten Seite hingegen steht der Wind sich nicht selbst im Weg und kann ungehindert saugen.

Wo findet man das noch? Der Bernoulli-Effekt ist mysteriös – wie aus dem Nichts ruft er einen Sog hervor –, aber weil er immer auftritt, wenn Gase schnell strömen, wundern wir uns meist gar nicht mehr, wenn wir ihm begegnen, weil wir unsere Welt eben nicht anders kennen. Bei starkem Wind wird ein Regenschirm nicht nach unten eingedrückt, wie man es eigentlich erwarten könnte, sondern durch den Sog der strömenden Luft hochgesaugt. Es ist der gleiche Effekt wie beim Dach. Und wenn Züge oder Autos in engem Abstand aneinander vorbeirasen, drücken sie sich nicht nach außen weg, sondern ziehen sich auf rätselhafte Weise an. Den Sog haben Sie vielleicht schon einmal beim Überholen eines Lkw gespürt. Den Bernoulli-Effekt kann man auch an einem offenen Fenster beobachten: Wenn es draußen windig ist, werden Vorhänge und lose auf dem Tisch liegende Blätter nicht von der Wucht des Windes nach innen gedrückt, sondern aus dem Fenster herausgesaugt. Es ist eigentlich nicht das, was man erwarten würde.

Sicherheitshinweis: Falls Sie dem Bernoulli-Effekt weiter nachspüren wollen und planen, mit aufgeklapptem Schirm bei Sturm spazieren zu gehen oder mit Autos schnell und haarscharf aneinander vorbeizurasen, bedenken Sie bitte, dass ich keinerlei Haftung für Beschädigungen übernehme, nicht bei Ihrem Schirm, nicht bei Ihrem Auto und nicht bei Ihnen. Wissenschaft ist manchmal riskant und der Preis für Erkenntnis oft nicht günstig. Der große Mathematiker und Physiker Isaac Newton hat sich beispielsweise dafür interessiert, wie Sehen funktioniert, und sich eine Nadel hinter das Auge gesteckt, um damit seinen Augapfel platt zu drücken und zu beobachten, welche Farben er dabei sieht. Newton hat Glück gehabt: Er ist heute als bedeutender Naturwissenschaftler bekannt – und nicht als verrückter Zyklop, der die Infinitesimalrechnung erfunden und sich ein Auge ausgestochen hat. Unsere Welt macht neugierig, aber Neugier macht auch töricht. Lassen Sie es nicht so weit kommen und experimentieren Sie lieber mit Dingen, bei denen Sie sich schon gewaltig anstrengen müssen, um Schaden anzurichten, zum Beispiel mit einem Blatt Papier. Es muss nicht weniger spannend sein.

Noch ein Experiment: Sie benötigen zwei längliche Zettel, zwei halbe Seiten Briefpapier eignen sich ganz gut. Legen Sie sie übereinander und halten Sie auf beiden Seiten je zwei Finger dazwischen. Führen Sie die Zettel zum Mund und pusten Sie auf der schmalen Seite kräftig in die Lücke, die Ihre Finger lassen, genau zwischen die beiden Zettel. Damit Sie sehen, was jetzt passiert, kann es hilfreich sein, sich vor einen Spiegel zu stellen oder aber das Experiment jemand anderen machen zu lassen und es zu beobachten.

Was Sie sehen: Die beiden Zettel kleben regelrecht zusammen. Durch die gepustete Luft flattern sie zwar immer wieder ein bisschen auseinander, was vielleicht sogar Krach macht, aber sie ziehen sich deutlich an.

Was hier vor sich geht: Man ist versucht zu sagen: Die beiden Zettel kleben zusammen, obwohl Luft zwischen ihnen strömt. Aber inzwischen wissen Sie, dass man sagen muss: Die beiden Zettel kleben zusammen, weil Luft zwischen ihnen strömt. Denn die zwei anschmiegsamen Zettel sind eine weitere Folge des bernoullischen Gesetzes: Zwischen den Blättern strömt Luft mit hoher Geschwindigkeit, dadurch sinkt der Druck, und die Zettel werden zusammengesaugt. Es ist geradezu paradox, wenn man den Effekt einzeln sieht, aber er ist ganz normal und alltäglich.

Wo findet man das noch? Den Saug-Effekt nutzen auch Tiere. Manche Erdhörnchen bauen ihre Bodenhöhlen so, dass Wind über eine Öffnung streicht, was nach dem Bernoulli-Gesetz einen Sog produziert und so für die lebenswichtige Belüftung der Höhle sorgt.

Apropos Sturm: Wenn wir von *Sturm* sprechen, meinen wir damit starken *Wind*. Ein wettergegerbter Kapitän sieht das vielleicht anders und lächelt nur müde, während Sie sich schon am Laternenpfahl festhalten. Zur sachlichen und einheitlichen Beschreibung von Windstärke ist also ein objektives System nötig, und das ist die *Beaufortskala*. Sie teilt Wind nach seiner *Geschwindigkeit* in 13 Stufen ein, von 0 für völlige Flaute bis hin zu 12 für einen Orkan. Es wäre aus Sicht des Physikers passend, dabei von Windgeschwindigkeit 0, Windgeschwindigkeit 1, Windgeschwindigkeit 2 und so weiter zu sprechen, denn es geht schließlich um Geschwindigkeiten, aber es hat sich eingebürgert, *Windstärke* zu sagen. Die begriffliche Schwammigkeit ist aber zu verschmerzen, denn erstens ist Stärke kein eigener Begriff in der Physik (anders als *Kraft* oder *Druck*), und zweitens ist die Windstärken-Skala in Zeiten entstanden, in denen man die Windgeschwindigkeit sowieso nicht ohne Weiteres direkt messen konnte, sondern die Windstärke daran festgemacht hat, wie sie sich in der Umgebung äußert, das heißt daran, ob Rauch in einer geraden Linie aufsteigt, ob sich Bäume biegen, ob Segel flattern oder ob sich Wellen auftürmen.

Der Namensgeber der Beaufortskala, der irische Royal Navy-Offizier Sir Francis Beaufort, hat, glaubt man dem Internet, mit der Skala übrigens recht wenig zu tun, er sie lediglich gern benutzt, ein bisschen verändert und bei der Arbeit verbreitet, sodass sie irgendwann in der ganzen britischen Marine eingesetzt wurde. Beaufort war bei der Royal Navy übrigens mit Vermessen und Kartografieren von Küsten und Gewässern betraut, er war ein sogenannter *Hydrograph*. Das klingt eher wie ein Gegenstand als wie ein Beruf, verständlicher und charmanter finde ich die Übersetzung »Gewässer-Vermesser«.

Im Sturm der Zahlen: Um Wind zu vermessen, haben Wissenschaftler im Laufe der Zeit etwas filigranere Methoden entwickelt, als Bäume oder Wellen zu beobachten. Die traditionelle Windstärke nach der Beaufortskala und die modern gemessene Windgeschwindigkeit lassen sich schnell ineinander umrechnen, zumindest hat man eine Faustregel gefunden, die ungefähr passt: $v = 0,836\,B^{3/2}$. Wenn Sie im Lesen von Formeln nicht geübt sind, ist die Übersetzung: Multiplizieren Sie die Windstärke drei Mal mit sich selbst, ziehen Sie die Quadratwurzel und multiplizieren Sie mit 0,836.

Wenn Sie das im Kopf können (was ich etwas gruselig fände) und wenn Sie anhand der Windstärke aus dem Wetterbericht mit der Formel jetzt gerade die aktuelle Windgeschwindigkeit ausgerechnet haben, wundern Sie sich vielleicht, dass die Zahl so klein ist. Womöglich haben Sie sich verrechnet, aber höchstwahrscheinlich haben Sie die Windgeschwindigkeit bloß in einer anderen Einheit erhalten als erwartet: Die Formel liefert Ihnen die Standardeinheit für Geschwindigkeiten, nämlich *Meter pro Sekunde.* Für einen Wert, den Sie besser einordnen können, müssen Sie die Geschwindigkeit in km/h umrechnen, in *Kilometer pro Stunde* (indem Sie das Formelergebnis mit 3,6 multiplizieren). Wenn Sie allerdings mit einem alten Seebären sprechen, geht wahrscheinlich alles drunter und drüber, denn während Naturwissenschaftler Geschwindigkeiten in *Metern pro Sekunde* angeben und wir in unserem Alltag *Kilometer pro Stunde* verwenden, benutzen Seeleute gern die Einheit *Knoten,* die 1,852 km/h entspricht.

Wurst/Finger

Warum kann man ein Smartphone mit einer Wurst bedienen?

Manchmal ist Physik ein bisschen eklig.

Das Experiment: Sie benötigen eine Bockwurst und ein Smartphone. Nehmen Sie das Smartphone in die eine, die Wurst in die andere Hand. Bedienen Sie dann das Smartphone mit der Wurst.

Was Sie sehen: Dem Smartphone ist es egal, ob Sie es mit Ihrem Finger oder mit einer Wurst bedienen; die Bedienung per Wurst funktioniert überraschend gut.

Was hier vor sich geht: Ich möchte Ihnen nicht zu nahe treten, aber die naheliegende Erklärung ist korrekt: Die Bockwurst hat große Ähnlichkeit mit Ihren Fingern, zumindest aus physikalischer Sicht.

Was hier vor sich geht, etwas genauer: Ein Touchscreen heißt nicht Touchscreen, weil man ihn betatschen kann – diese Eigenschaft allein hätte ihm wahrscheinlich nicht so einen Erfolg beschert –, sondern weil er Berührungen spürt und sensibel auf sie reagiert. Dabei ist das, was Sie da berühren, an sich nicht feinfühlig: Es ist eine gewöhnliche Glasscheibe (und sie reagiert auf Tippen und Wischen genauso wie eine Fensterscheibe: überhaupt nicht). Das, was in einem Touchscreen auf Berührungen anspricht, spielt sich erstaunlicherweise unter der Glasscheibe ab: Hier ist ein unsichtbares Netz aus *elektrischen Leitern* verlegt, in denen *Ladungen* gespeichert werden können, gewissermaßen ist es ein Netz aus winzigen Kondensatoren.

Ein *Kondensator* ist ein Standard-Bauteil in der Elektrotechnik, im Wesentlichen ist es ein Ladungsspeicher, und man kann ihn sich als zwei getrennte Metallplatten vorstellen, die unterschiedlich aufgeladen werden können. Luft oder ein anderer *Isolator* zwischen den Platten verhindert dabei, dass sich die Ladungen ausgleichen. Bei Ihrem Smartphone sind es nun keine Metallplatten, sondern hauchdünne Bahnen aus *Indiumzinnoxid*, einer exotischen Metallmischung, die Strom leitet und durchsichtig ist. In der ersten Schicht sind die Bahnen Indiumzinnoxid von links nach rechts verlegt, dann kommt eine Plastikfolie oder dünne Glasscheibe, dann eine zweite Schicht, in der die Bahnen nun von oben nach unten verlaufen. An den Punkten, an denen sich die Längsbahnen und die Querbahnen kreuzen, entsteht jeweils ein kleiner Kondensator: in gewisser Weise nichts anderes als zwei räumlich getrennte Metallplatten, die man elektrisch aufladen kann.

Eine komplexe Steuerelektronik in Ihrem Smartphone spricht nun einige Hundert Mal pro Sekunde jeden einzelnen dieser Kondensatoren an und ermittelt seine sogenannte *Kapazität*, das heißt: wie stark er aufgeladen werden kann. Wenn man es genauer ausdrücken will, muss man etwas ausholen: Wenn man einen Kondensator an eine Stromquelle anschließt, lädt er sich auf. Die Kapazität sagt, wie viel Ladung der Kondensator dann relativ zur anliegenden Spannung enthält. Je mehr Spannung anliegt, desto mehr Ladungen nimmt der Kondensator auf (wie viele mehr, verrät genau die Kapazität), allerdings gibt es eine Grenze, eine Maximalspannung, die der Kondensator gerade noch aushält. Legt man eine höhere Spannung an, kann er die vielen getrennten Ladungen, die sich

begehrlich anziehen und vereinen wollen, nicht mehr halten, und es knallt: Dann entlädt sich der Kondensator trotz des Isolators schlagartig mit einem Blitz. Oft ist der Kondensator dann kaputt. In Ihrem Smartphone passiert erst einmal jedoch nichts Dramatisches bei dieser Kapazitätsmessung. Die Kapazitäten der Kondensatoren unter der Glasscheibe sind immer ungefähr gleich. Wieso sollte sich da auch etwas ändern?

Wie stark man einen Kondensator aufladen kann, seine Kapazität also, wird maßgeblich davon bestimmt, wie groß die Platten sind, die aufgeladen werden, und welches Material sie trennt. Sie ahnen vielleicht, dass so langsam Ihre Wurst ins Spiel kommt, aber wahrscheinlich rätseln Sie noch, wie, denn die Indiumzinnoxid-Schichten liegen ja unter der Schutzscheibe, wo Sie nicht einfach einen Finger oder eine Wurst hineinstecken können. Sie werden staunen, denn jetzt kommt ein abenteuerliches Phänomen zum Tragen: Wenn die kleinen Kondensatoren unter der Glasscheibe geladen sind – sozusagen die eine Platte positiv, die andere negativ –, bildet sich in ihnen ein *elektrisches Feld*. Ein bisschen davon schwappt jedoch über den Rand und ragt sogar durch die Glasscheibe, man spricht von einem *Streufeld*. Wenn dieses Streufeld auf Ihren Finger trifft, geschieht nun noch etwas Faszinierendes: Weil der Finger Strom leitet, wird er über das elektrische Feld mit dem Kondensator verbunden und ändert dessen Kapazität – gerade so, als wären die Kondensatorplatten plötzlich größer geworden oder als hätten Sie ein anderes Material dazwischengesteckt. Die Steuerelektronik bemerkt, dass die Kapazität sich geändert hat, und interpretiert es als Berührung; man spricht deshalb von einem *kapazitiven Touchscreen*. Ob die Kapazität der kleinen Kondensatoren unter dem Schutzglas dabei von einem Finger oder von einer Wurst geändert wurde, ist dem Smartphone egal, deshalb können Sie Ihr Smartphone auch mit einer Wurst bedienen. (Dem Smartphone ist es sozusagen Wurst.)

Wieso kann ich mein Smartphone nicht mit einem Stift bedienen? Mit einem eleganten Kugelschreiber auf dem Smartphone herumzutippen macht im Meeting mit dem Chef oder im Flugzeug sicherlich mehr her als die Bedienung mit einer Wurst, aber der Kugelschreiber hat einen entscheidenden Nachteil: Er ist zu spitz (berührt das Smartphone also nur in einem kleinen Bereich), und er leitet keinen Strom. Deshalb ändert er die Kapazität der kleinen Kondensatoren so gut wie nicht, und alles, was er zustande bringt, ist ein trostloses Klopfen an der Glasscheibe. Seine Berührungen lassen das Smartphone kalt. Nehmen Sie also lieber eine Wurst. Oder eine Gurke. Oder eine Möhre. Oder einen speziellen Eingabestift, einen sogenannten »Touchpen«, der eine dicke Spitze aus leitfähigem Gummi oder Silikon besitzt und damit das Fassungsvermögen der kleinen Ladungsspeicher im Display deutlich verändert.

Wenn Sie unbedingt den Kugelschreiber nehmen wollen: Ist das zwar unbelehrbar, denn gerade haben Sie ja erfahren, dass es nicht funktioniert, aber vielleicht kann Ihnen die Physik trotzdem helfen. Eine simple Möglichkeit ist, mit dem Kugelschreiber ein Stück Wurst aufzuspießen. Eine andere Möglichkeit ist etwas eleganter: Befeuchten Sie den Kugelschreiber, zum Beispiel indem Sie ihn in ein Glas Wasser tunken. Das hat nicht nur edlen, antiquierten Charme, als würden Sie Ihren Federkiel ins Tintenfass dippen, sondern kann dafür sorgen, dass die Kondensatoren doch noch etwas von dem Stift spüren, denn Wasser erhöht die Kapazität eines Kondensators ungemein, außerdem vergrößert es auch die Berührfläche. Dass der Wasser-Trick bei Ihnen funktioniert, ist allerdings leider nicht garantiert, unter anderem hängt das Gelingen von der Wassermenge ab (zu viel Wasser ist auch nicht gut, dann gehen die filigranen elektrischen Effekte, mit denen das Smartphone Berührungen erkennt, buchstäblich unter), und Form und Material Ihres Stifts spielen auch eine Rolle. Die besten Resultate habe ich in meinem Experiment nicht mit einem Stift erzielt, sondern mit einem Bein meines kleinen Kamerastativs. Der Gummifuß ließ sich gut mit Wasser benetzen und sorgte beim Tippen für eine große Kontaktfläche auf dem Display, fast wie eine Fingerkuppe. Mit den meisten Stiften hat es nicht so gut geklappt. Aber der Kamerastativfuß zeigt generell: Wasser bringt's. Eine staubtrockene Mumie hingegen wird kein Smartphone bedienen können.

Wieso erhöht Wasser das Fassungsvermögen eines Kondensators? Wenn Sie in den Zwischenraum zwischen den Kondensatorplatten statt Luft Wasser füllen, können Sie bei derselben anliegenden Spannung rund 81-mal so viele Ladungen auf die Platten packen, bevor sie durchschlagen und sich mit einem Blitz ausgleichen. Das liegt daran, dass ein Wasserteilchen zwar *ungeladen* ist, aber ein negatives und ein positives Ende besitzt und deshalb auf das elektrische Feld im Kondensator reagiert. Wasserteilchen richten sich im Kondensator aus, ihr negatives Ende zeigt zur positiv geladenen Platte, und dadurch schwächen sie das elektrische Feld im Kondensator ab, sie wirken praktisch wie ein Puffer zwischen den beiden Platten, auf denen die Ladungen nur danach gieren, sich auszugleichen.

Wozu braucht man das? Der Unterhaltungsfaktor einer Smartphonebedienung per Wurst ist unschlagbar. Der praktische Nutzen hält sich hingegen in Grenzen. Allerdings führt uns das Experiment eindrucksvoll vor Augen, wie ausgeklügelt und kompliziert die Physik, die Materialwissenschaft und die Elektrotechnik sind, die in einem Smartphone stecken: Eine durchsichtige, aber stromleitende *Legierung* wird in einem bestimmten Muster hauchdünn auf eine Polyesterfolie aufgebracht, sodass kleine Ladungsspeicher entstehen. Jeder einzelne wird regelmäßig geladen, vermessen und entladen – alleine schon das zu organisieren und auszuwerten ist ein komplexer Vorgang, und er wird hundert Mal pro Sekunde wiederholt. Jedes Mal, wenn ein Finger in die Nähe kommt, ändert dieser über das Schutzglas hinweg das Fassungsvermögen der Ladungsspeicher, das wird gemessen und als Berührung erkannt. Ist das nicht atemberaubend?

Die Technik ist übrigens nicht neu. Schon in Zeiten, in denen Telefone noch einen Hörer und ein Kabel besaßen, gab es Knöpfe, die ansprachen, wenn man mit dem Finger in ihre Nähe kam. Besonders gern schienen sie in Aufzügen eingebaut worden zu sein. Die Technik ist die gleiche wie beim Smartphone, wenn auch etwas simpler: Ein Finger ändert die Kapazität eines Kondensators.

Und schon Anfang des 20. Jahrhunderts baute der russische Erfinder Lev Termen, der sich später in den USA niederließ und sich von da an Leon Theremin nannte, ein elektronisches Musikinstrument, das man spielt, ohne es zu berühren, und das nach dem gleichen Prinzip funktioniert wie das Smartphone-Display: Man bewegt seine Hände und beeinflusst dadurch den Rhythmus und die Dämpfung einer *elektrischen Schwingung*. So steuert man *Tonhöhe* und *Lautstärke*, indem man wie ein verrückter Dirigent in der Luft herumfuchtelt. Die ursprüngliche Bezeichnung des Geräts, Aetherophon, passt recht gut, sie klingt schön verschroben, allerdings wurde das Instrument rund um die Welt unter einem Namen bekannt, der seinem Entdecker zur Ehre gereichte: Termenvox, Thereminovox oder, heute üblich, schlicht Theremin. Dieses Buch ist nicht die beste Art, Klang wiederzugeben, aber wenn ich das Theremin hier als »elektronische Gespenstergeige« beschreibe, werden Sie schon ungefähr wissen, wie es klingt.

Waben im Wasser

Wieso schwimmen Eiswürfel?

Manche Dinge, die für uns völlig normal sind, sind für Wissenschaftler aufregend, Eiswürfel zum Beispiel. Denn sie besitzen eine sonderbare, seltene Eigenschaft.

Das Experiment: Um sich das bizarre Verhalten von Eiswürfeln vor Augen zu führen, benötigen Sie ein Teelicht (am besten ein hohes), Streichhölzer, ein Messer, ein Glas Wasser, einen Eiswürfel und etwas Zeit. Schneiden Sie mit dem Messer zwei Stückchen Wachs aus dem Teelicht heraus und legen Sie sie beiseite. Zünden Sie das Teelicht an und warten Sie, bis das Wachs komplett flüssig ist. (Das kann ein paar Stunden dauern. Ich sage das nur als Vorwarnung, damit Sie vom Warten nicht völlig geschlaucht sind und vor lauter Ärger keine Augen mehr für das wundersame Verhalten des Eiswürfels haben, denn wie eben erwähnt, ist der Effekt, um den es geht, für uns selbstverständlich, und wir übersehen das Außergewöhnliche schnell, wenn wir nicht darauf achten.) Wenn das Wachs im Teelicht komplett geschmolzen ist, pusten Sie das Teelicht aus, geben Sie eines von den Wachsstückchen hinein, die Sie zuvor abgeschnitten haben, und beobachten Sie, was es tut. Geben Sie dann einen Eiswürfel in ein Glas Wasser und beobachten Sie auch ihn.

Was Sie sehen: Das Wachsstück sinkt im Teelicht zu Boden. Der Eiswürfel jedoch schwimmt im Wasserglas an der Oberfläche.

216

Das finden Sie jetzt wahrscheinlich banal, und vielleicht ärgern Sie sich, dass Sie dafür so lange gewartet haben. (Den Ärger kann ich gut nachvollziehen, denn es ist in Wirklichkeit Ärger über Ihre Sturheit, schließlich habe ich Sie ja gerade vorgewarnt, und Sie hätten in der Wartezeit auch etwas Sinnvolles tun können.) Aber das, was Sie hier sehen und was Sie ganz normal finden – dass Eiswürfel in einem Getränk oben schwimmen –, ist in der Welt der Stoffe eine absurde Ausnahme. Normalerweise wird ein Stoff dichter, wenn er fest wird, das heißt, eine Portion des festen Stoffs ist schwerer als die gleiche Portion des flüssigen Stoffs. Festes Wachs geht in flüssigem Wachs unter. Festes Wasser aber, ein Eiswürfel, geht in flüssigem Wasser nicht unter, sondern schwimmt.

Was hier vor sich geht: Wenn Wasser *gefriert*, ordnen sich die Wasserteilchen anders an. Das ist erst einmal nichts Ungewöhnliches und sollte Sie auch nicht überraschen, schließlich muss es sich ja irgendwie an den Teilchen bemerkbar machen, wenn sich eine Flüssigkeit so grundlegend verändert, dass man es sehen und fühlen kann. Wenn eine Flüssigkeit gefriert und fest wird, ordnen sich ihre Teilchen meist in einem regelmäßigen Muster an, einem sogenannten *Kristallgitter*; das ist ganz normal und auch bei Wasser so. Allerdings ist die Art, wie die Wasserteilchen das tun, außergewöhnlich: Wenn sie sich zu *Eis* zusammenschließen, brauchen sie wesentlich mehr Platz als vorher.

Ein *Wassermolekül* besteht aus einem *Sauerstoff-Atom*, an dem zwei *Wasserstoff-Atome* sitzen – wie die Ohren am Gesicht von Micky Maus. (Das wissen Sie vielleicht noch aus dem Kapitel »Rubbel die Katz«.) Wenn Sie Micky Maus nicht mögen und Buchstaben sympathischer finden, ist das etwas speziell, aber auch in Ordnung. (Die Physik mag Sie trotzdem!) Sie können sich das Wassermolekül ebenso als V vorstellen: Die untere Spitze ist das Sauerstoff-Atom, die beiden oberen Spitzen sind die Wasserstoff-Atome.

In flüssigem Wasser wuseln diese kleinen Teilchen wild durcheinander, doch wenn es kalt wird, schließen sie sich in Ringen zusammen, immer sechs Stück auf einmal. Wenn man sich ein Wasserteilchen wie ein »V« vorstellt, mit dem dicken Sauerstoff in der Mitte, dann kann man sich die Ring-Formation, die die Wasserteilchen beim Gefrieren einnehmen, als Sechseck denken. Die dicken Sauerstoffe bilden die sechs Ecken, und die jeweils zwei kleinen Wasserstoffe strecken sich zu anderen Sauerstoffen aus – nach links und rechts und oben und unten. Jede Ecke eines solchen Sechsecks ist zugleich auch Ecke zweier anderer, angrenzender Sechsecke. Die Wasserteilchen bilden ein Bienenwaben-Muster, das in seiner Regelmäßigkeit schlicht aussieht und doch betörend komplex ist; Fachleute sprechen von einem *hexagonalen Kristallsystem*. Wie genau ein Eiskristall aufgebaut ist und wie man diesen Aufbau nennt, können Sie aber getrost vergessen und es Physikern und Kristallografen überlassen. Alle anderen müssen nur wissen, dass diese Sechseck- oder Ring-Form ziemlich viel Platz einnimmt. Die Teilchen im Eis sind die gleichen wie die Teilchen vorher im Wasser – Wasserteilchen eben –, sie wiegen genauso viel, und es sind auch noch genauso viele wie zuvor, allerdings verteilen sie sich im Eis auf ein größeres *Volumen*, das heißt auf einen größeren Platz im Raum. Wenn die gleiche *Masse* mehr Volumen hat, bedeutet das, dass sie lockerer gepackt ist beziehungsweise weniger dicht. Physiker sagen deshalb: Eis hat eine geringere *Dichte* als Wasser. Anschaulich heißt das, dass eine Portion Eis weniger wiegt als die gleiche Portion Wasser.

Wie viel weniger? Das können Sie in einem leichten Experiment selbst ermitteln. Sie benötigen dazu ein möglichst gerades Glas (das heißt, es sollte zylindrisch wie eine Röhre sein und sich nicht nach unten verjüngen oder eine noch abenteuerlichere Form besitzen), außerdem Klebeband und ein Lineal. Und Zeit.

Füllen Sie das Glas halb voll mit Wasser, markieren Sie mit Klebeband den Wasserstand und stellen Sie es über Nacht ins Eisfach. Am nächsten Morgen werden Sie feststellen, dass das Eis im Glas gewachsen ist: Der Eis-Pegel ist höher als der Wasser-Pegel zuvor. Mit dem Lineal können Sie nachmessen, wie viel genau: Wenn Sie alles richtig gemacht haben (was ich sehr hoffe, es ist nämlich kein kompliziertes Experiment) und wenn die Physik bei Ihnen nicht verrücktspielt, dann werden es etwa 10 % mehr sein: Die gleiche Masse verteilt sich auf 10 % mehr Volumen. In meinem Experiment hat sich der Pegel von 5,2 Zentimeter auf 5,7 Zentimeter erhöht.

Kann ich für das Experiment nicht einfach einen Messbecher nehmen? Doch, das wäre sogar cleverer, so sparen Sie sich das Klebeband und das Lineal und können die Höhe von Eis und Wasser direkt ablesen und vergleichen. (Tja, so ist das eben in der Wissenschaft: Manchmal fällt einem erst nach dem Experiment ein, wie man es hätte besser machen können.)

Wenn Sie also einen Messbecher und noch Experimentierlust haben, können Sie das Experiment gern wiederholen. Das ist sogar geschickt, denn wenn Sie ein Experiment mehrfach wiederholen und den *Mittelwert* der einzelnen Ergebnisse berechnen, sorgen Sie dafür, dass Sie ein besseres Resultat erhalten. Denn *Messfehler* oder *zufällige Einflüsse*, die ein einzelnes Experiment stören und das Ergebnis verfälschen können, fallen weniger ins Gewicht, wenn Sie den Mittelwert aus mehreren Ergebnissen berechnen, weil diese zufälligen Fehler und Einflüsse sich teilweise gegenseitig aufheben können. Dem Mittelwert können Sie mehr vertrauen als einem einzigen Messwert (denn der könnte durch puren Zufall viel zu hoch oder zu niedrig liegen).

Wenn Sie außerdem eine Küchenwaage zur Hand haben, können Sie das Experiment sogar noch mehr verbessern, indem Sie nicht nur messen, wie stark das Volumen zunimmt, wenn Wasser gefriert, sondern jeweils die Dichte bestimmen – von dem Wasser zu Anfang und von dem Eis, zu dem es wird. Die *Dichte* eines Stoffes sagt, wie viel er pro Portion wiegt. Man gibt diesen Wert oft in *Gramm pro Kubikzentimeter* an. Vielleicht verlässt Sie nun schon der Mut, weil Ihr Messbecher das Volumen in *Millilitern* misst, nicht in *Kubikzentimetern*, aber wenn Sie wissenschaftlich so ambitioniert sind, dass Sie in Ihrer Küche die Dichte von Wasser und Eis bestimmen wollen, scheuen Sie sich sicher auch nicht davor, einen Wert von Millilitern in Kubikzentimeter umzurechnen, oder? Sie werden das schaffen, da bin ich mir sicher!

Um die Dichte von Wasser zu bestimmen, füllen Sie eine Portion in den Messbecher (am besten machen Sie den Becher halb voll) und wiegen sie. Notieren Sie das Gewicht in Gramm. (Profitrick: Achten Sie darauf, dass Sie das Gewicht des Messbechers nicht aus Versehen mitmessen. Wiegen Sie zum Beispiel zuerst den leeren Becher und ziehen Sie den Wert nachher vom Gewicht des gefüllten Bechers ab.) Lesen Sie dann ab, wie viel Milliliter Sie eingefüllt haben, und rechnen Sie den Wert in die Einheit Kubikzentimeter um. Ich verrate Ihnen, wie man das macht. 1 Milliliter ist 1/1000 Liter. 1 Liter ist 1 Kubikdezimeter. 1 Kubikdezimeter sind 1000 Kubikzentimeter. Wenn wir alles zusammenfügen, haben wir also: 1 Milliliter sind 1/1000 von 1000 Kubikzentimetern, die Umrechnung ist also simpel: 1 Milliliter ist 1 Kubikzentimeter. (Ich sagte doch, Sie schaffen das.) Die Dichte von Wasser erhalten Sie nun, indem Sie das Gewicht des Wassers (das Sie in Gramm notiert haben) durch sein Volumen (das Sie in Kubikzentimetern oder Millilitern ablesen können) teilen. Die *Dichte von Wasser* beträgt 0,998 Gramm pro Kubikzentimeter. Sie sollten einen ähnlichen Wert erhalten.

Um nun noch die Dichte von Eis zu bestimmen, stellen Sie den Messbecher über Nacht ins Eisfach und lesen Sie am nächsten Morgen das (wie wir schon wissen: vergrößerte) Volumen ab. Das Gewicht können Sie zur Sicherheit auch noch mal messen, aber es wird sich nicht großartig verändert haben. (Ihre Küche ist zwar kein perfektes Labor, im Laufe des Experiments ist also vielleicht ein bisschen Wasser *verdunstet* oder etwas von dem Eis *sublimiert*, das heißt, es hat sich ebenfalls in Wasserdampf verwandelt, und vielleicht hat sich auch etwas Eis aus dem Gefrierfach am Messbecher festgesetzt, aber all diese Störfaktoren, die Ihr Messergebnis verfälschen, sollten sich in Größenordnungen abspielen, die Ihre Küchenwaage kaum merkt.) Die *Dichte von Eis* beträgt 0,918 Gramm pro Kubikzentimeter, und auch hier sollten Sie bei Ihrem Experiment einen ähnlichen Wert ermittelt haben.

Mit diesen beiden Zahlen können Sie nun ganz genau beziffern, wie viel Dichte Wasser einbüßt, wenn es gefriert und sich seine Teilchen nicht mehr dicht tummeln, sondern feste Ringe bilden und mehr Platz brauchen: Die Dichte sinkt von 0,998 auf 0,918 Gramm pro Kubikzentimeter, das heißt um rund 8 %. Deshalb schwimmen Eiswürfel an der Wasseroberfläche, und auch Eisberge gehen nicht unter: Eis ist pro Portion rund 8 % leichter als Wasser.

Wo findet man das noch? Dass gefrorenes Wasser mehr Platz benötigt und deshalb leichter ist als flüssiges, ist eine ungewöhnliche Eigenschaft, Wissenschaftler sprechen deshalb von einer *Dichteanomalie*. Nur wenige andere Stoffe zeigen so ein seltsames Verhalten, zum Beispiel *Silicium* und *Plutonium*. Doch so selten und unnormal das Eiswürfel-Verhalten auch ist, es ist für manche Tiere und Pflanzen lebenswichtig: Wenn ein See zufriert, sinkt das Eis nicht nach unten wie das Wachsstück im Teelicht, sondern schwimmt oben wie ein Eiswürfel im Cocktail. Die Oberfläche des Sees mag einfrieren, aber unter der Eisdecke können Tiere und Pflanzen im Wasser überleben.

Dass gefrorenes Wasser mehr Platz braucht, haben Sie vielleicht schon durch ein anderes, unfreiwilliges Experiment erfahren: Wenn man eine Bierflasche im Eisfach vergisst, platzt sie meistens, denn das Wasser, aus dem Bier unter anderem besteht, dehnt sich beim Einfrieren aus, und der Platz in der Flasche reicht nicht mehr. Wenn Ihnen das noch nie passiert ist und Sie neugierig auf den Effekt sind, können Sie das Experiment natürlich auch noch machen: Legen Sie eine Flasche Bier ins Eisfach und gucken Sie einen Tag später nach, was passiert ist. Ich rate Ihnen allerdings, die Flasche vorher in eine Plastiktüte zu stecken und diese gut zu verschließen, denn aus eigener Experimentiererfahrung kann ich Ihnen sagen: Bier-Eis im Eisfach riecht penetrant, das wollen Sie nicht haben (außer Sie sind wirklich ein sehr großer Bier-Fan).

Wozu dient das übrig gebliebene Stück Wachs?

Wenn Sie das erste Experiment genau nach der obigen Anleitung gemacht haben, haben Sie zwei Stücke aus dem Teelicht geschnitten, aber nur eines in das flüssige Wachs geworfen. Wenn Sie nun noch ein Wachsstück übrig haben, fragen Sie sich vielleicht, wozu Sie es brauchen. Wenn Sie keines mehr übrig haben, dann wissen Sie es wahrscheinlich: Das zweite Stück war als Reservestück gedacht.

Danksagung

Danken möchte ich Joachim Hecker, der mir mit Ratschlägen und kritischen Fragen geholfen hat, das Projekt auf den Weg zu bringen.

Für seine Anmerkungen zum Manuskript bedanke ich mich bei Jan Friese.

Ich danke Gordon Thie für seine Hilfe bei chemischen Fragen.

Danke an Andreas Wieck für unterhaltsame und anregende Physik-Gespräche.

Außerdem danke ich Ellen Venzmer, Katharina Bitzl und Florian Glässing für die gute Zusammenarbeit.

Besonderer Dank gilt meiner Frau Lena, die nicht nur die erste und letzte Version des Manuskripts gelesen, sondern die mich die ganze Zeit großartig unterstützt hat.

A. R.